今すぐ使えるかんたん

YouTube
編集&投稿&集客
完全ガイドブック

Imasugu Tsukaeru Kantan Series
YouTube Complete Guide book
Linkup and Yoshitada Sakai

技術評論社

本書の使い方

- 本書は、YouTubeの操作に関する質問に、Q&A方式で回答しています。
- 目次やインデックスの分類を参考にして、知りたい操作のページに進んでください。
- 画面を使った操作の手順を追うだけで、YouTubeの操作がわかるようになっています。

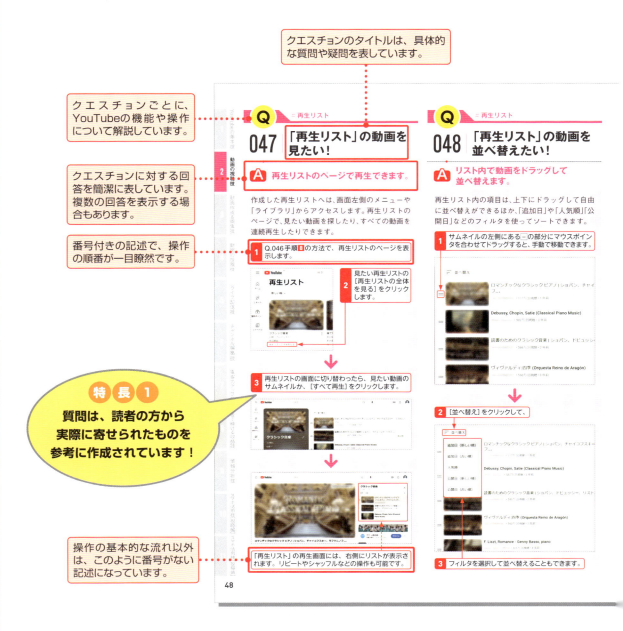

> **特長 2**
> やわらかい上質な紙を使っているので、**開いたら閉じにくい！**

> **特長 3**
> 読者が抱く小さな疑問を予測して、できるだけ**ていねいに解説しています！**

> クエスチョンの分類を示しています。

Q 049 再生リストの動画を削除したい！

A 動画の右側にある ⋮ のメニューから個別に削除します。

再生リストの動画を削除するには、再生リストを表示し、削除したい動画にマウスポインタを合わせると右側に表示される ⋮ をクリックし、[［再生リスト名］から削除] をクリックします。なお、まとめて削除する方法はありません。すべての動画が不要になった場合は、再生リスト自体を削除します。

1 削除したい動画にマウスポインタを合わせ、⋮ をクリックして、

2 [［再生リスト名］から削除] をクリックすると、動画がリストから削除されます。

再生リスト自体を削除する場合は、情報エリア下部にある 🗑 をクリックし、[再生リストを削除] をクリックします。

Q 050 再生リストの公開設定を変更したい！

A 再生リストの画面からいつでも変更できます。

再生リストの公開範囲は、再生リスト作成時に設定しますが、あとから変更することが可能です。再生リストのページで、公開範囲を変更できます。

1 現在の公開設定が表示されている箇所をクリックします。

↓

2 表示されたメニューで、変更したい項目をクリックすれば設定は完了です。

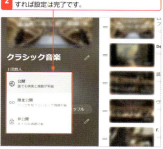

> 目的の操作が探しやすいように、ページの両側にインデックス（見出し）を表示しています。

49

第1章 まずはここから! YouTubeの基本技

#基本

001	YouTubeって何?	20
002	YouTubeは無料で利用できる?	21
003	どうして無料で利用できるの?	21
004	動画の収益化って何?	22
005	YouTubeにアクセスしたい!	22
006	YouTubeの機能を利用するには?	23
007	すでにあるGoogleアカウントも利用できる?	23
008	Googleアカウントを新しく作成したい!	24
009	YouTubeにログインしたい!	25
010	YouTubeからログアウトするには?	25

#チャンネル

011	チャンネルとは?	26
012	通常のGoogleアカウントとは?	26
013	ブランドアカウントとは?	27
014	ブランドアカウントのメリットは?	27
015	Googleアカウントのチャンネル名を変更したい!	28
016	好きな名前のチャンネルを作成したい!	29
017	チャンネルを表示したい!	30
018	チャンネルを確認／切り替えたい!	30
019	デフォルトチャンネルを設定したい!	31

#認証

020	アカウントの認証って何?	31
021	アカウントの認証を行いたい!	32
022	アカウントを認証するメリットとは?	33
023	認証が完了しているかどうかを確認したい!	33

#YouTube Premium

024	YouTube Premiumって何?	34

第2章 快適・便利に利用する! 動画の視聴技

基本画面

025 YouTube の視聴に関する機能を知りたい! ……………………………… 36

検索

026 キーワードで動画を検索したい! ……………………………………… 37
027 おおよそのアップロード日を指定して検索したい! …………………… 37
028 フィルタで絞り込みたい! ……………………………………………… 38
029 検索結果を新しい順に並べ替えたい! ………………………………… 38

再生

030 動画を再生したい! ……………………………………………………… 39
031 動画の再生速度を変更したい! ………………………………………… 39
032 動画に字幕を付けて再生したい! ……………………………………… 40
033 自動再生しないようにしたい! ………………………………………… 40
034 再生中の動画の投稿者のチャンネルを見たい! ……………………… 41

評価

035 動画を評価したい! ……………………………………………………… 41
036 高く評価した動画を確認したい! ……………………………………… 42
037 動画にコメントを付けたい! …………………………………………… 42

再生履歴

038 前に見た動画をもう一度見たい! ……………………………………… 43
039 再生履歴を残したくない! ……………………………………………… 43
040 すべての再生履歴を削除したい! ……………………………………… 44

キュー

041 次に再生する動画を指定したい! ……………………………………… 44
042 「キュー」の再生順を変更したい! …………………………………… 45
043 「キュー」から動画を削除したい! …………………………………… 45

後で見る

044 「後で見る」リストに動画を追加したい! …………………………… 46
045 「後で見る」リストの動画を連続再生したい! ……………………… 46

再生リスト

046 「再生リスト」を作成したい! ………………………………………… 47
047 「再生リスト」の動画を見たい! ……………………………………… 48

Contents

048	「再生リスト」の動画を並べ替えたい！	48
049	「再生リスト」の動画を削除したい！	49
050	「再生リスト」の公開設定を変更したい！	49

#テレビ再生

| 051 | テレビで YouTube は見られる？ | 50 |

#YouTube ショート動画

052	YouTube ショート動画って何？	50
053	YouTube のショート動画を再生したい！	51
054	YouTube のショート動画の再生画面を確認したい！	51

#チャンネル登録

055	再生画面からチャンネル登録したい！	52
056	チャンネルページからチャンネル登録したい！	52
057	登録したチャンネルはどこで見られる？	53
058	チャンネル登録を解除したい！	53

#メンバーシップ

| 059 | メンバーシップって何？ | 54 |
| 060 | メンバーシップを登録したい！ | 54 |

第3章 関心を惹き付ける！ 動画作成&編集技

#撮影機材

| 061 | どんなカメラで撮影すればよい？ | 56 |
| 062 | カメラ以外で撮影に必要なものはある？ | 57 |

#構成

063	視聴者のターゲットは想定するべき？	58
064	1つの動画で伝えることはいくつまで？	58
065	動画のシナリオ展開の例が知りたい！	59
066	共感を得るためのコツを知りたい！	60
067	最後まで見てもらえる動画作りのポイントは？	61

#注意点

| 068 | 投稿できない動画はある？ | 62 |
| 069 | 撮影で注意するべきことは何？ | 62 |

動画編集

070	撮影した動画をパソコンに取り込みたい！	63
071	投稿後の動画も編集できるの？	64
072	動画の編集に専用ソフトは必要？	65
073	スマホだけで動画編集できる？	65
074	よく使われている動画編集ソフトが知りたい！	66
075	動画編集ソフトに動画を取り込みたい！	67
076	動画の一部を切り取りたい！	67
077	動画のある場面をくり返したい！	68
078	場面ごとに再生順を入れ替えたい！	68
079	不要な場面を削りたい！	69

タイトル・テロップ・ロゴ

080	動画にタイトルを表示したい！	70
081	効果的なテロップの入れ方を知りたい！	70
082	タイトルやテロップのフォントを変更したい！	71
083	タイトルのデザインを変えたい！	72
084	タイトルの表示時間や表示位置を変えたい！	72
085	タイトルにアニメーションを付けたい！	73
086	テロップのフォントや色を変えたい！	74
087	テロップの表示時間や表示位置を変えたい！	74
088	ワイプを追加したい！	75
089	動画にチャンネルのロゴを配置したい！	76
090	配置したロゴを編集したい！	76

補正・効果

091	動画の明るさを調整したい！	77
092	動画の色合いを調整したい！	77
093	動画のブレを補正したい！	78
094	特殊効果を追加したい！	78
095	切り替え効果で動画のつなぎ目をカッコよくしたい！	79

BGM

096	効果音やBGMを追加したい！	80
097	版権フリーの効果音やBGMを使いたい！	80
098	効果音やBGMの長さを調整したい！	81
099	ナレーションを追加したい！	82
100	動画全体の音量がバラバラだ！	82

VTuber

101	VTuberって何？	83

102	VTuber になるには？	83
103	VTuber の制作に必要なものって何？	84
104	個人で VTuber を始めるときの流れを知りたい！	85
105	アバター（キャラクター）を作成したい！	85
106	アバター（キャラクター）が自分で作れないんだけど…	86
107	スマホだけで VTuber になれる？	86

第4章 世界に向けて発信! 動画の投稿技

投稿準備

108	動画の投稿に必要なものって何？	88
109	YouTube Studio って何？	89
110	YouTube Studio を表示したい！	89
111	動画を投稿したい！	90
112	投稿できる動画のファイル形式が知りたい！	91

YouTube Studio

113	動画の再生 URL が知りたい！	91
114	動画の管理画面を表示したい！	92
115	動画のタイトルと説明を編集したい！	93
116	タイトルや説明の書き方にコツはある？	94
117	動画にハッシュタグを付けたい！	94
118	動画のサムネイルを設定したい！	95
119	候補以外の画像をサムネイルにしたい！	95
120	投稿画面にある「視聴者」って何？	96
121	投稿画面にある「年齢制限」って何？	96

公開設定

122	非公開で投稿した動画を公開にしたい！	97
123	動画を限定公開にしたい！	97
124	動画を非公開にしたい！	98
125	指定した日時に動画を公開したい！	98

詳細設定

126	詳細なメタデータを設定したい！	99
127	言語の設定をしたい！	100
128	字幕の設定をしたい！	100
129	コメントの可否を設定したい！	101

130	評価数の表示／非表示を設定したい！	101
131	投稿した動画を「再生リスト」にまとめたい！	102
132	複数の動画をまとめて「再生リスト」に追加したい！	102
133	アップロード時のデフォルト設定を変更したい！	103
134	投稿した動画に「ドラフト」と表示され公開されない！	103
135	アップロードした動画の画質が悪い！	104
136	アップロードした動画が削除されてしまった！	104

#動画エディタ

137	投稿した動画をトリミングできる？	105
138	投稿した動画にぼかしを入れたい！	105
139	投稿した動画に音楽を追加したい！	106

#動画削除

140	投稿した動画を削除したい！	106

第5章 ユーザー相手にリアルタイム交流! ライブ配信技

#ライブ配信の基本

141	ライブ配信は無料でできる？	108
142	配信した動画はあとからでも見られる？	108
143	ライブ配信で準備しておくとよいものってある？	109
144	専用の配信ソフトは使ったほうがよい？	110

#YouTube Live

145	YouTube Live を有効にしたい！	111
146	ライブ配信を開始したい！	112
147	高画質で配信したい！	113
148	公開範囲を設定したい！	114
149	配信の予約ってできる？	114
150	配信のタイトルや説明を入力したい！	115
151	自作のサムネイルを使いたい！	116
152	子ども向けの配信設定にしたほうがよい？	116
153	ライブ配信の設定を詳しく知りたい！	117
154	配信中に追っかけ再生ができるようにしたい！	118
155	ライブ配信の遅延って何？	119

156	配信中に気を付けることってある？	120
157	配信中のチャットを不可にしたい！	120
158	配信中のアナリティクスを確認したい！	121

#収益

159	Super Chat って何？	122
160	Super Chat を設定したい！	123
161	Super Stickers って何？	124
162	Super Stickers を設定したい！	124

#ライブ配信後

| 163 | ライブ配信した動画を配信後は非公開にしたい！ | 125 |
| 164 | 2回目以降の配信でも設定をやり直す必要がある？ | 125 |

#スマートフォン

| 165 | スマホやタブレットからライブ配信したい！ | 126 |

第6章 ファンを獲得! チャンネル編集技

#チャンネルの基本

| 166 | チャンネルって重要なの？ | 128 |
| 167 | チャンネルの構成を知りたい！ | 129 |

#カスタマイズ

168	チャンネルの設定を変更したい！	130
169	チャンネルのプライバシー設定を確認したい！	130
170	チャンネルではどんなことを設定できる？	131
171	チャンネルアートを変更したい！	131
172	チャンネルアートで使える画像サイズやファイル容量を知りたい！	132
173	チャンネルアート上にリンクを張りたい！	132
174	プロフィールアイコンを変更したい！	133
175	チャンネルの説明を設定したい！	133
176	チャンネルにメールアドレスを追加したい！	134
177	ほかのユーザーが見ている状態でチャンネルを見たい！	134
178	チャンネルを非表示にしたい！	135

#チャンネル紹介

| 179 | 自分が登録したチャンネルを表示したい！ | 135 |

180	おすすめチャンネルを公開したい！	136
181	チャンネル登録者向けにおすすめ動画を表示したい！	136
182	新規訪問者向けにチャンネル紹介用の動画を表示したい！	137
183	チャンネル紹介用の動画はどんな内容にすればよい？	138

#セクション

184	セクションって何？	139
185	セクションを追加したい！	139
186	セクションを削除したい！	140
187	セクションの掲載順を変更したい！	141
188	人気の動画をセクションに表示したい！	142
189	再生リスト内の動画をセクションで表示したい！	142

#コミュニティ

| 190 | コミュニティって何？ | 143 |
| 191 | コミュニティへのコメントの可否を設定したい！ | 143 |

#認証バッジ

| 192 | チャンネル認証バッジって何？ | 144 |

第7章 より多くの人に見てもらう！ 集客力アップ技

#集客

193	より多くの人に見てもらうには何をすればよい？	146
194	どれくらいの頻度で投稿するとよい？	146
195	動画の時間は長いほどよい？	147
196	タイトルはどのくらいの長さがよい？	147
197	コメントには返信したほうがよい？	148
198	字幕を設定すると見てもらいやすくなる？	148
199	検索で見つけやすくすることはできる？	149
200	タグを登録したい！	149
201	説明文を最適化したい！	150

#サムネイル

202	YouTube サムネイルって何？	151
203	サムネイル用の画像を作成したい！	151
204	クリック率を上げるサムネイルを作るコツを知りたい！	152
205	Canva でサムネイルを作成したい！	153

#再生リスト・カード・終了画面

206 別の動画を見てもらうには何をすればよい？ ……………………… 154
207 動画をシリーズ化するメリットは？ …………………………………… 155
208 「再生リスト」に動画をまとめたい！ ………………………………… 155
209 チャンネルで「再生リスト」をアピールしたい！ …………………… 156
210 カードでほかの動画に誘導したい！ ………………………………… 156
211 魅力的なカードのテキストとは？ …………………………………… 157
212 終了画面を活用するメリットとは？ ………………………………… 157
213 終了画面でほかの動画を宣伝したい！ ……………………………… 158
214 終了画面でチャンネル登録を呼びかけたい！ ……………………… 158
215 終了画面にチャンネル登録アイコンを配置したい！ ……………… 159

#外部サイト

216 自分のブログやホームページで動画を紹介したい！ ……………… 159
217 外部サイトに埋め込みリンクを張りたい！ ………………………… 160
218 SNS で動画を紹介するメリットとは？ ……………………………… 160
219 X で動画を紹介したい！ ……………………………………………… 161
220 Facebook で動画を紹介したい！ …………………………………… 161
221 QR コードで動画の宣伝ってできる？ ………………………………… 162

#TikTok

222 YouTube と TikTok の違いって何？ ………………………………… 162
223 TikTok から YouTube へ誘導するメリットとは？ ………………… 163
224 TikTok から YouTube へ誘導するときの注意点は？ ……………… 163
225 TikTok と YouTube を連携させたい！ ……………………………… 164

第 8 章 広告でしっかり稼ぐ! 収益技

#収益化

226 YouTube で稼ぐには、どんな方法があるの？ ……………………… 166
227 収益化するのに条件ってあるの？ …………………………………… 167
228 YouTube ショート動画でも収益化できる？ ……………………… 167
229 広告収益のしくみを知りたい！ ……………………………………… 168
230 収益化に必要なものって何？ ………………………………………… 169
231 Google AdSense って何？ …………………………………………… 169
232 収益を得るまでの流れを知りたい！ ………………………………… 170
233 広告収入の支払い時期を知りたい！ ………………………………… 171

広告

234 表示される広告の種類は？ ……………………………… 171
235 インストリーム広告って何？ ……………………………… 172
236 ミッドロール広告って何？ ……………………………… 172
237 バンパー広告って何？ ……………………………… 173
238 動画再生フィード広告って何？ ……………………………… 173
239 YouTube ショート広告って何？ ……………………………… 174
240 そのほかの広告フォーマットについて知りたい！ ……………… 174
241 スマホでは広告はどう表示される？ ……………………………… 175

審査

242 パートナープログラムの査定基準を知りたい！ ……………… 175
243 収益化できないコンテンツってどんなもの？ ……………… 176
244 ミッドロール広告を設定したい！ ……………………………… 177
245 審査の通過はどうやってわかる？ ……………………………… 178
246 審査はどれくらいで結果が来る？ ……………………………… 178
247 なかなか審査に通らないんだけど… ……………………………… 179
248 複数チャンネルの収益化に AdSense アカウントは複数必要？ ……… 179

広告設定

249 動画ごとに広告を設定したい！ ……………………………… 180
250 表示させる広告を選びたい！ ……………………………… 181
251 動画再生フィード広告を非表示にしたい！ ……………… 181
252 スキップ不可のインストリーム広告のメリットは？ ……………… 182
253 スキップ不可のインストリーム広告のデメリットは？ ……………… 182
254 スキップ不可のインストリーム広告を設定したい！ ……………… 183
255 プロダクトプレースメントって何？ ……………………………… 183
256 プロダクトプレースメントを設定したい！ ……………… 184

収益確認

257 広告収益を確認したい！ ……………………………… 185
258 AdSense に振込口座を登録したい！ ……………………………… 186
259 収益化が無効になることってある？ ……………………………… 186

その他の収益方法

260 Super Thanks って何？ ……………………………… 187
261 Super Thanks を設定したい！ ……………………………… 187
262 チャンネルのメンバーシップを設定したい！ ……………… 188
263 ショッピング機能って何？ ……………………………… 188

第9章 動画を改善! 情報分析技

#分析

264	YouTubeアナリティクスって何?	190
265	YouTubeアナリティクスを表示したい!	190
266	アナリティクスレポートの種類を把握したい!	191
267	YouTubeアナリティクスにはどのような項目があるの?	192
268	「概要」で何がわかる?	193
269	「コンテンツ」で何がわかる?	193
270	「視聴者」で何がわかる?	194
271	「インスピレーション」で何がわかる?	194
272	「収益」で何がわかる?	195
273	動画ごとの情報を参照したい!	195
274	分析のグループを作りたい!	196
275	表示データの期間を指定したい!	196
276	動画の情報を比較したい!	197
277	チャンネル全体の状況をおおまかに把握したい!	198
278	動画の個別の状況をおおまかに把握したい!	199
279	ユーザー層を知りたい!	199
280	ユーザー層の情報をもとにやるべきことは?	200
281	動画が最後まで見られているか確認したい!	200
282	途中で見るのをやめている動画が多いときはどうすればよい?	201
283	どんな検索キーワードで辿り着いたか知りたい!	201

#改善

284	検索キーワードをどう改善に活かせばよい?	202
285	チャンネル登録のきっかけになった動画を知りたい!	202
286	チャンネル登録者の分析をどう改善に活かせばよい?	203
287	動画が再生された場所を知りたい!	203
288	スマートフォンとパソコン、どちらの再生が多いか知りたい!	204
289	「再生リスト」に含まれている人気動画を調べたい!	205
290	「再生リスト」に追加してもらうには?	205
291	カードの効果を知りたい!	206
292	終了画面の効果を知りたい!	206

#広告

| 293 | 広告の推定収益額を確認したい! | 207 |
| 294 | 広告の表示結果を分析したい! | 207 |

295 広告収入を増やすためにはどうすればよい？ ··········208

第10章 視聴・管理が手軽にできる! スマホ活用技

#インストール

296 YouTube アプリを Android スマホにインストールしたい！ ··········210
297 YouTube アプリを iPhone にインストールしたい！ ··········210

#画面構成

298 YouTube アプリの画面構成を知りたい！ ··········211

#検索

299 キーワードで動画を検索したい！ ··········212
300 条件を指定して検索したい！ ··········212

#再生

301 動画を再生したい！ ··········213
302 再生画面の画面構成を知りたい！ ··········213
303 画面いっぱいに再生画面を表示したい！ ··········214
304 動画の再生速度を変更したい！ ··········214
305 動画に字幕を付けて再生したい！ ··········215
306 自動再生にならないようにしたい！ ··········215
307 再生中の動画の投稿者のチャンネルを見たい！ ··········216
308 動画再生中に次の動画を指定したい！ ··········216

#評価

309 動画を評価したい！ ··········217
310 高く評価した動画を確認したい！ ··········217
311 動画にコメントを付けたい！ ··········218

#再生履歴

312 再生履歴から動画を探して再生したい！ ··········218
313 再生履歴に保存されないようにしたい！ ··········219
314 すべての再生履歴を削除したい！ ··········219

#後で見る

315 「後で見る」リストに動画を追加したい！ ··········220
316 「後で見る」リストの動画を連続再生したい！ ··········220

#再生リスト

317 「再生リスト」を作成して動画を追加したい！ 221

318 「再生リスト」の動画を再生したい！ 221

319 「再生リスト」の動画の並び順を編集したい！ 222

320 「再生リスト」の動画を削除したい！ 222

321 「再生リスト」の公開設定を変更したい！ 223

#YouTubeショート動画

322 スマホでYouTubeショート動画を再生したい！ 223

#チャンネル登録

323 再生画面からチャンネル登録したい！ 224

324 チャンネルページからチャンネル登録したい！ 224

325 登録したチャンネルを表示したい！ 225

326 チャンネル登録を解除したい！ 225

#チャンネル作成

327 スマホからチャンネルを作成したい！ 226

第11章 投稿・設定・分析もできる! スマホ活用技

#動画投稿

328 スマホから動画を投稿したい！ 228

#YouTubeショート動画

329 YouTubeショート動画を投稿したい！ 229

330 ショート動画撮影時の画面構成を知りたい！ 230

#動画削除

331 投稿した動画を削除したい！ 231

#YouTube Studioアプリ

332 YouTube Studioアプリって何？ 231

333 YouTube Studioアプリの画面構成を知りたい！ 232

334 投稿した動画のメタデータを設定したい！ 233

335 動画のサムネイルを設定したい！ 233

336 動画のタイトルや説明文、タグを編集したい！ 234

#サムネイル

337 候補以外の画像をサムネイルにしたい！ ……………………………… 235
338 スマホでサムネイル用の画像を作成したい！ ……………………… 235

#設定・編集

339 投稿した動画を「再生リスト」にまとめたい！ …………………… 236
340 動画の公開範囲を設定したい！ ……………………………………… 236
341 スマホからチャンネルで編集できるものって何？ ………………… 237
342 コメントが付いたら知らせてほしい！ ……………………………… 238

#分析

343 スマホから YouTube アナリティクスを確認したい！ …………… 238
344 「概要」を確認したい！ ……………………………………………… 239
345 「インスピレーション」を確認したい！ …………………………… 240
346 「コンテンツ」を確認したい！ ……………………………………… 240
347 「視聴者」を確認したい！ …………………………………………… 241
348 「収益」を確認したい！ ……………………………………………… 241
349 動画ごとの情報を確認したい！ ……………………………………… 242
350 表示データの期間を指定したい！ …………………………………… 243
351 チャンネル全体の状況をおおまかに把握したい！ ………………… 244
352 ユーザー層を知りたい！ ……………………………………………… 245
353 動画の個別の状況をおおまかに把握したい！ ……………………… 246
354 動画が最後まで見られているか確認したい！ ……………………… 246
355 どんな検索キーワードで辿り着いたか知りたい！ ………………… 247
356 動画が再生された場所を知りたい！ ………………………………… 248
357 動画に設定したサムネイルの効果を知りたい！ …………………… 249

#広告

358 広告の推定収益額を確認したい！ …………………………………… 250
359 広告の表示結果を分析したい！ ……………………………………… 251

ご注意：ご購入・ご利用の前に必ずお読みください

● 本書に記載された内容は、情報提供のみを目的としています。したがって、本書を用いた運用は、必ず
お客様自身の責任と判断によって行ってください。これらの情報の運用の結果について、技術評論社お
よび著者はいかなる責任も負いません。

● ソフトウェアに関する記述は、特に断りのないかぎり、2024年10月現在での最新バージョンをもとに
しています。ソフトウェアはバージョンアップされる場合があり、本書の説明とは機能内容や画面図な
どが異なってしまうこともあり得ます。あらかじめご了承ください。

● インターネットの情報については、URLや画面などが変更されている可能性があります。ご注意ください。

● 本書記載の金額や料金は特に断りのないかぎり、2024年10月現在の消費税10%での税込表記です。

● 本書は以下の環境で動作を確認しています。ご利用時には、一部内容が異なることがあります。あらか
じめご了承ください。
AndroidのOS：Android 14
iPhoneのOS：iOS 18.0.1
パソコンのOS：Windows 11

以上の注意事項をご承諾いただいた上で、本書をご利用願います。これらの注意事項をお読みいただかずに、
お問い合わせいただいても、技術評論社および著者は対処しかねます。あらかじめご承知おきください。

■ 本書に掲載した会社名、プログラム名、システム名などは、米国およびその他の国における登録商標または商標
です。本文中では ™、® マークは明記していません。

第1章

まずはここから！
YouTubeの基本技

001 ▷▷ 010	基本
011 ▷▷ 019	チャンネル
020 ▷▷ 023	認証
024	YouTube Premium

Q 001 YouTubeって何？

A 2005年に開設された世界最大の動画共有・配信サービスです。

YouTubeは、世界中の人に認知・活用されているオンライン動画共有・配信サービスです。動画を見るだけでなく、自分で撮影した動画をアップロードして、世界中の人に見てもらうことができます。

一般の人が発信する動画のほか、有名人や企業、テレビ局も動画を投稿しており、ニュース、音楽、ゲーム、スポーツ、ライブ映像など、多彩なジャンルの動画を見ることができます。また、パソコンだけでなく、スマートフォン版アプリからの動画視聴や動画投稿のほか、テレビ（スマートテレビ）での視聴も増えています。

● YouTubeの歴史

● 2005年にアメリカ・カリフォルニアで誕生
2005年、アメリカのカリフォルニア州で、チャド・ハーレー、スティーブ・チェンの2人によって創設されました。「ホームパーティーの動画や、メディアで起きた事件など、映像を友達に見せて伝えたいときに利用できるサービスがあれば便利なのでは」と考えたことがYouTubeを作るきっかけの1つだったそうです。

● 2006年にGoogleに売却
YouTubeはすぐさま人気を集め、2006年に16億5,000万ドルでGoogleに売却。現在YouTubeは、Googleが運営するWebサービスの1つとして、ほかのサービスと連携して利用することができます。
企業やアーティストが公式チャンネルを持って情報を発信したり、ときには内戦地域から戦場の様子の動画がアップされるなど、世界に大きな影響を与える存在になっています。

● 世界中の動画が見られる

世界中の、あらゆるジャンルの映像を見ることができます。

● 自分のチャンネルを作成して動画を発表できる

自分のチャンネルを作成して動画を発表できます。

● 動画やチャンネルの管理ができる

「YouTube Studio」を活用して、動画やチャンネルの管理ができます。

Q 002 | YouTubeは無料で利用できる？

A 有料コンテンツもありますが、基本的に無料で利用できます。

YouTubeは動画を見るのも公開するのも、基本的に無料で行えます。サブスクリプションの有料サービス「YouTube Premium」（Q.024参照）も提供されており、加入すれば広告表示なし、バックグラウンド再生可能（スマートフォンの機能）など、利便性が高くなります。

また、YouTubeにはHuluやAmazon Primeといった動画配信サービスと同様に、映画やドラマ、TV番組などを有料で購入したりレンタルしたりできる機能もあります。

チャンネルによっては「チャンネルメンバーシップ」（Q.059参照）を設けており、有料のメンバーになることで、メンバー限定動画やライブ配信の視聴、メンバーどうしでの交流、チャンネル独自の特典の利用ができるようになります。さらに、ライブ配信中に配信者に有料コメントを送れる「Super Chat」（Q.159参照）や通常の動画に有料コメントを送れる「Super Thanks」（Q.260参照）でお気に入りのチャンネルやクリエイターを応援することも可能です。

● 有料コンテンツ

「ムービー＆TV」では、300円程度から動画をレンタルしたり（レンタル期間は通常48時間だが、各動画の手続きページの最後で確認できる）、2,000円前後で購入したりすることができます。なお、購入・レンタルが可能なのは、18歳以上のみです。

Q 003 | どうして無料で利用できるの？

A 広告収入で運営されているため、無料で視聴できます。

YouTubeで動画を見ると、開始前や再生中に広告が表示されます。この広告収入によって、YouTubeは収益を得ています。だから無料で利用できるのです。

1 動画によっては、再生すると最初に広告動画が再生される場合があります。

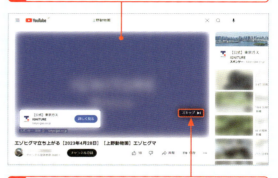

2 ［スキップ］をクリックすると、広告を途中で切り上げて目的の動画を見ることができます。動画の再生中に広告動画が表示された場合も同様です。

3 広告動画をすべて視聴しないと目的の動画が再生されない場合もあります。広告動画の再生が終わったあと、目的の動画を見ることができます。

Q 004 動画の収益化って何？ = 基本

A YouTubeで動画を公開し、多くの視聴者や広告が集まれば、収益を得ることができます。

YouTubeでは主に、公開した動画に企業広告が付くことで収入を得ることができます。例として、以下に広告収入を得るための条件を紹介します。なお、チャンネル登録者数が500人以上の段階では広告での収益は受け取れず、メンバーシップ（Q.059参照）やSuper Stickers（Q.161参照）などでの収益のみが可能です。

● YouTubeで収益（広告収入）を得るための条件

YouTubeで収益を得るには、YouTube内に自分のチャンネルを持ち、動画を公開します（Q.011参照）。さらに、YouTubeパートナープログラム（YPP）に申し込み、YouTube側に参加を認められることが必要になります（Q.227参照）。
①自分のチャンネルに動画を公開する
②チャンネル登録者数が1,000人以上で、公開動画の直近365日間における総再生数時間が4,000時間以上、または公開ショート動画の直近90日間の視聴回数が1,000万回以上の要件を満たす
③YouTubeパートナープログラム（YPP）に申し込みを行い、YouTube側に参加を認められる

「YouTube Studio」の［収益化］を表示すると、ページ下に［通知を受け取る］のボタンがあります。

ボタンをクリックすると、YPPへの申し込みが可能になったタイミングで、メールで通知してくれます。

Q 005 YouTubeにアクセスしたい！ = 基本

A WebブラウザまたはYouTubeアプリからアクセスします。

YouTubeには、パソコンの場合はWebブラウザからアクセスします。スマートフォンの場合は、YouTubeアプリを起動します。

● Webブラウザで見る場合

1　Webブラウザを起動し、URL欄に「https://www.youtube.com/」と入力して、[Enter]を押します。

● スマートフォンのアプリで見る場合

1　ホーム画面やアプリ一覧から［YouTube］をタップして起動します。

Q 006 | YouTubeの機能を利用するには？

A Googleアカウントでログインすれば、多彩な機能を利用できます。

Googleアカウントでログインすれば、YouTubeで投稿・配信されているさまざまな動画を楽しむことができます。お気に入りの動画配信者のチャンネルを登録しておくことで、新しい動画がアップロードされたときに通知が届くようになります。また、お気に入りの動画は評価したり、「再生リスト」に追加・保存したりできるなど、便利な機能も利用可能です。

なお、視聴した動画にコメントする場合や、自分で動画を投稿・配信する場合は、Googleアカウントでログイン後、チャンネルを作成していなければ行うことができません（Q.011参照）。

1 ログインした状態だと、右上にアイコンが表示されます。

2 ここから履歴や登録チャンネルの動画が呼び出せます。

3 [登録チャンネル]をクリックすると、登録済みのチャンネルの新着動画が自動的に表示されます。

4 ≡をクリックすると、メニューが表示されます。

5 YouTubeの各種メニューを呼び出せます。

Q 007 | すでにあるGoogleアカウントも利用できる？

A 利用できます。

YouTubeの[ログイン]から、すでに持っているGoogleアカウントでログインしましょう。Gmailアドレスを持っていれば、そのままGoogleアカウントとして使うことができます。

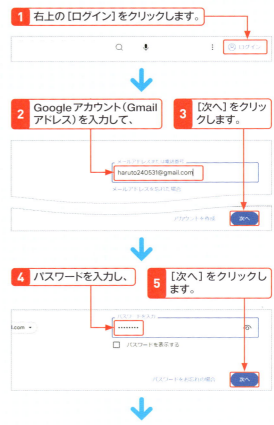

1 右上の[ログイン]をクリックします。

2 Googleアカウント（Gmailアドレス）を入力して、

3 [次へ]をクリックします。

4 パスワードを入力し、

5 [次へ]をクリックします。

6 ログインが完了すると、YouTubeのサイトの右上に自分のアイコンが表示されます。クリックすると、Googleアカウントと登録した名前が表示されます。

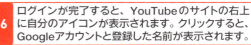

008 Googleアカウントを新しく作成したい！

A Googleアカウントは、「Google」のWebサイトから作成できます。

Googleアカウントを新しく作成するには、Google（https://www.google.co.jp/）にアクセスします。

1 Googleにアクセスし、右上の⊞をクリックします。

2 ［アカウント］→［アカウントを作成する］の順にクリックします。

3 姓、名を入力し、

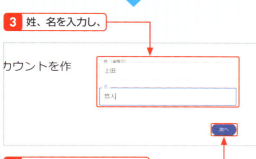

4 ［次へ］をクリックします。

5 生年月日、性別を入力し、

6 ［次へ］をクリックします。

7 ［自分でGmailアドレスを作成］をクリックしてチェックを付け、

8 使いたいメールアドレスを入力して、

9 ［次へ］をクリックします。

10 パスワードを2回入力し、

11 ［次へ］→［スキップ］→［次へ］の順にクリックします。

12 「プライバシーと利用規約」画面が表示されます。ページ下まで移動し、［同意する］をクリックすると、アカウントの作成が完了します。

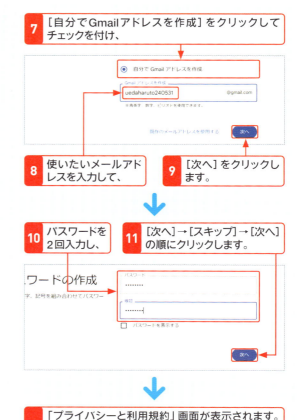

アカウントのユーザー名は、半角英字、数字、ピリオドのみ使用できます。入力したユーザー名がすでに存在している場合は警告が表示されるので、数字や文字、ピリオドを追加して使用できる文字列を入力してください。

Q 009 | YouTubeにログインしたい！

#基本

A ページ右上の［ログイン］をクリックしてログインします。

YouTubeにログインをするには、WebブラウザでYouTubeを表示して、右上の［ログイン］をクリックします。なお、すでにGoogleアカウントでログインしている場合は、この操作は必要ありません。

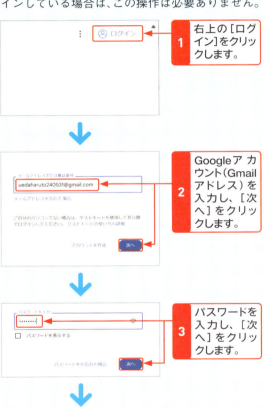

1 右上の［ログイン］をクリックします。

2 Googleアカウント（Gmailアドレス）を入力し、［次へ］をクリックします。

3 パスワードを入力し、［次へ］をクリックします。

4 ログインが完了すると、ページの右上に自分のアイコンが表示されます。クリックすると、Googleアカウントと登録した名前が表示されます。

Q 010 | YouTubeからログアウトするには？

#基本

A ［ログアウト］をクリックします。

YouTubeからログアウトするには、右上のアイコンから［ログアウト］をクリックしましょう。家族でパソコンを共用していたり、会社などでほかの人も同じパソコンを利用したりする場合は、ログアウトしておきましょう。

1 右上の自分のアカウントアイコンをクリックします。

2 ［ログアウト］をクリックします。

3 ページ右上のアイコンが［ログイン］に変わります。これでログアウト完了です。

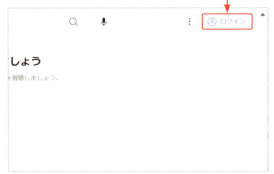

Q 011 | チャンネルとは？

A 動画を公開するための拠点となる、小さなテレビ局のようなものです。

YouTubeでは、個人や企業などが自作の動画を公開できますが、その拠点となるのが「チャンネル」です。「チャンネル」はYouTube内に自由に作成できる小さなテレビ局のようなもので、最初に「チャンネル」を設定することで、そこから動画を公開することができます。

● Googleアカウントからチャンネル作成

1 右上のアカウントアイコンをクリックします。

2 [チャンネルを作成]をクリックします。

3 初回はチャンネルの作成画面が表示されます。

4 問題なければ[チャンネルを作成]をクリックします。

Q 012 | 通常のGoogleアカウントとは？

A YouTubeやGmailなど、Googleのサービスを利用するときに作成したアカウントです。

通常のGoogleアカウントはGmailのメールアドレスがユーザー名になっていて、Gmailなどほかのサービスと紐付いて使用されます。YouTubeでチャンネルを作って動画を発信する際、通常のGoogleアカウントでチャンネルを作成すると、Googleアカウントの氏名がそのままチャンネルの名前として付けられてしまいます。Googleアカウントのチャンネルはプライベート用として使用し、趣味やビジネスなどで使うチャンネルは、ブランドアカウントでの運営がおすすめです。

● Googleアカウント

通常のGoogleアカウントから作成したチャンネルは、YouTubeのチャンネルの名称が自動的にGoogleアカウントの氏名になっています。

● ブランドアカウント

1 Q.013手順**3**の画面でブランドアカウント名を入力して、

2 [新しいGoogleアカウントを独自の設定（YouTubeでの検索履歴と再生履歴など）で作成していることを理解しています。]にチェックを付けます。

3 [作成]をクリックすると、ブランドアカウントが作成されます。

Q 013 | ブランドアカウントとは？

#チャンネル

A 通常のGoogleアカウントとは別に作成できるアカウントで、チャンネル名になります。

「ブランドアカウント」は、Googleアカウントを持っているユーザーなら誰でも自由に作成することができる、もう1つのアカウントです。好きな名前を付けて作成することができ、ブランドアカウント名がそのままYouTubeのチャンネル名になります。ブランドアカウントでは、好きな名前をアカウント名にすることができるため、趣味やビジネスに特化した動画を公開するときなどに役立ちます。

1つのGoogleアカウントで複数のブランドアカウントを持つことができるため、複数のYouTubeチャンネルを持つことができます。

1 YouTubeのホーム画面を表示して、左下の[設定]をクリックします。

2 [新しいチャンネルを作成する]をクリックします。

3 好きな名前を入力して[作成]をクリックすれば、ブランドアカウントが作成できます。

Q 014 | ブランドアカウントのメリットは？

#チャンネル

A 公開したい動画に合わせたチャンネル名を設定できます。

動画のテーマに合わせたブランドアカウントを作成することで、チャンネルの特徴を明確にすることができます。たとえば「ドライフラワーの作り方」というチャンネル名で、趣味のドライフラワーのハウツー動画を公開すれば、興味を持ってくれる視聴者を集めやすくなります。またブランドアカウントは、通常のGoogleアカウントとは異なり、複数のGoogleユーザーと共同での運営・管理が行えます。企業やサークル、趣味などのグループでブランドアカウントを持てば、1つのチャンネル名で複数のメンバーが動画を公開して運営することができます。Googleフォトなど特定のサービスも併せて利用できるので、家族内でクローズドに使うなど、プライベートでの動画・画像共有にも活用できます。

● **ブランドアカウントのメリット**

①チャンネルに好きな名前を付けられるので、趣味やビジネスなどの動画を公開するYouTubeチャンネルを運営する時に役立つ

②複数人のGoogleユーザーと共有して運営できる

③YouTubeだけでなく、Googleフォトも共有できる

≠ チャンネル

Q 015 | Googleアカウントのチャンネル名を変更したい！

A Googleアカウントの「名前」を変更します。

GoogleアカウントでYouTubeにログインし、チャンネルを作成するとGoogleアカウントの登録時に設定した氏名がチャンネル名に適用されます（Q.012参照）。「英語の表記にしたい」など、チャンネル名を変更したい場合は、Googleアカウントの「名前」を変更します。

1 YouTubeにログインし、右上のアカウントアイコンをクリックします。

2 [設定]をクリックします。

3 [Googleアカウントの設定を表示または変更する]をクリックします。

4 [個人情報]をクリックして、「基本情報」の「名前」の右端にある>をクリックします。

5 「名前」の欄にある✎をクリックします。

6 「名」「姓」にチャンネル名として表示したい名前を入力して、[保存]をクリックします。

Q 016 好きな名前のチャンネルを作成したい！

#チャンネル

A ブランドアカウントを使って作成しましょう。

Googleアカウントから作るチャンネルとは別に、Q.013で解説したブランドアカウントを利用すると、Googleアカウント名とは別に自由な名前のチャンネルを作成できます。

1 YouTubeのホーム画面を表示して、左下の[設定]をクリックします。

⬇

2 [新しいチャンネルを作成する]または[チャンネルを追加または管理する]をクリックします。

3 「チャンネル名」に好きな名前を入力します。

⬇

4 [新しいGoogleアカウントを独自の設定（YouTubeでの検索履歴と再生履歴など）で作成していることを理解しています。]にチェックを付けます。

5 [作成]をクリックします。

⬇

6 チャンネルが作成されます。

Q 017 | チャンネルを表示したい！

≡ チャンネル

A [チャンネルを表示]をクリックすると、チャンネルのページへ移動できます。

自分のチャンネルのページでは、動画のアップロードや再生リストの作成、ページのレイアウト変更など、チャンネルに関するさまざまな操作が行えます。

1 ページ右上の [ログイン] をクリックします。

2 自分のGoogleアカウントをクリックし、次の画面でパスワードを入力して[次へ]をクリックします。表示されない場合は、Googleアカウント（Gmailアドレス）とパスワードを入力します。

3 右上にアカウントアイコンが表示されるのでクリックし、

4 [チャンネルを表示]をクリックします。

5 自分のチャンネルのページが表示されます。

Q 018 | チャンネルを確認／切り替えたい！

≡ チャンネル

A [チャンネルを追加または管理する]から、チャンネルの確認／切り替えができます。

所有しているチャンネルを確認したり、チャンネルを切り替えたりするには、「設定」画面の[チャンネルを追加または管理する]をクリックします。

1 右上のアカウントアイコンをクリックします。

2 [設定]をクリックします。

3 [チャンネルを追加または管理する]をクリックします。

4 Googleアカウントから作成したチャンネルとブランドアカウントから作成したチャンネルが表示されます。各チャンネルをクリックすると、そのチャンネルでYouTubeにログインし、切り替えることができます。

Q 019 デフォルトチャンネルを設定したい！

チャンネル

A [詳細設定を表示する]から、デフォルトチャンネルを設定できます。

所有しているチャンネルが複数ある場合、デフォルトにしたいチャンネルを設定することができます。「設定」画面の[詳細設定]をクリックします。

1 デフォルトにしたいチャンネルに切り替えた状態で、右上のアカウントアイコンをクリックします。

2 [設定]をクリックします。

3 [詳細設定を表示する]をクリックします。

4 「デフォルトチャンネル」にチェックを付けて、デフォルトに設定します。

Q 020 アカウントの認証って何？

認証

A 電話番号を使用して身元を確認することです。

アカウント認証は、YouTube のコミュニティを保護し、不正行為を防止する対策の一環として行われています。電話番号に確認コードを送信して、アカウント確認を行います。これは、同じ電話番号が複数のアカウントで使われていないかどうかを確認するためのものです。認証後は、「機能の利用資格」画面の「利用資格あり」の文字が、「有効」へと変更されます。アカウント認証は、Googleアカウントの機能で行うほか、YouTubeの各種カスタマイズや管理を行う「設定」からできます（Q.021参照）。

● 認証前

[電話番号を確認]をクリックし、携帯電話番号などで確認コードのやり取りをすれば、アカウント認証が行えます（Q.021参照）。

● 認証後

認証が終わると、「利用資格あり」が「有効」に変わります。

Q 021 アカウントの認証を行いたい！

\# 認証

A 電話番号に確認コードを送信することで、アカウントの認証が行えます。

アカウントの認証は、アカウントアイコンから「設定」画面を表示して行うことができます。[チャンネルのステータスと機能] をクリックして、「チャンネル」の「設定」画面を開きます。「2.中級者向け機能」の「利用資格あり」の ▽ をクリックして [電話番号を確認] をクリックし、認証を進めましょう。なお、ブランドアカウントでも、認証を行うことができますが、1つの電話番号で確認できるチャンネルは1年間に2つまでです。

1 右上のアカウントアイコンをクリックします。

2 [設定] をクリックします。

3 [チャンネルのステータスと機能] をクリックします。

4 [チャンネル] をクリックして、

5 [機能の利用資格] をクリックします。

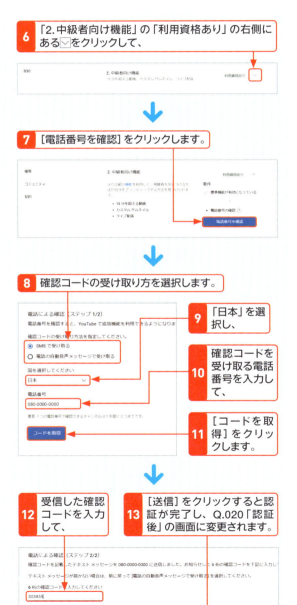

6 「2.中級者向け機能」の「利用資格あり」の右側にある ▽ をクリックして、

7 [電話番号を確認] をクリックします。

8 確認コードの受け取り方を選択します。

9 「日本」を選択し、

10 確認コードを受け取る電話番号を入力して、

11 [コードを取得] をクリックします。

12 受信した確認コードを入力して、

13 [送信] をクリックすると認証が完了し、Q.020「認証後」の画面に変更されます。

022 アカウントを認証するメリットとは？

 アカウントの認証を行うと、「中級者向け機能」などが利用できるようになります。

Q.021の手順でアカウントの認証を行うと、「中級者向け機能」や「上級者向け機能」が利用できるようになり、以下の3つのことが行えるようになります。

● 中級者向け機能

①15分以上の動画をアップロードできる
②動画のサムネイル画像を自由にカスタマイズできる（Q.119参照）
③YouTubeでのライブ配信ができる

さらに、「上級者向け機能」の利用要件の1つに、「中級者向け機能が有効」になっていることが挙げられています。「上級者向け機能」では、以下の7つのことが行えるようになります。

● 上級者向け機能

①Content IDの申し立てに対する再審査を請求できる（https://support.google.com/youtube/answer/6013276）
②1日のライブ配信作成数の上限引き上げ
③1日のアップロード数の上限引き上げ
④1日のショート動画作成数の上限引き上げ
⑤ライブ配信の埋め込み
⑥動画の説明内の外部リンク
⑦収益化の申し込み資格

機能によっては、追加の要件が必要な場合もあります。詳しくは、YouTubeヘルプ「YouTubeのツールと機能の利用（https://support.google.com/youtube/answer/9890437）」を参照してください。

「設定」の［機能の利用資格］に、アカウント認証すると利用できるようになる機能が表記されています。

023 認証が完了しているかどうかを確認したい！

 ［機能の利用資格］から確認できます。

Q.021を参考に「チャンネル」の「設定」画面を表示し、［機能の利用資格］をクリックします。画面中央に「2.中級者向け機能」という項目があります。ここが有効になっていれば、電話番号による認証が済んでいます。

1 ［チャンネル］をクリックし、

2 ［機能の利用資格］をクリックします。

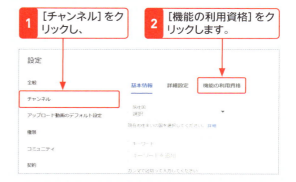

3 「2.中級者向け機能」の右側にある利用資格が「有効」になっていれば、アカウントは確認済みです。

電話番号認証で「中級者向け機能」を有効にしたうえで、十分なチャンネル履歴を構築すると「上級者向け機能」が自動的に承認されます。すぐに有効にしたい場合は、身分証明書やビデオ通話による本人確認が必要です。

Q
024 YouTube Premiumって何？

\# YouTube Premium

A サブスクリプション型の有料サービスで、広告の非表示、
バックグラウンド再生などが利用できます。

　YouTube Premiumとは、YouTubeが提供するサブスクリプション型の有料サービスです。大きな特徴の1つとして、動画に広告が表示されなくなることが挙げられます。基本的に無料で利用できるYouTubeは広告収入で運営されているため、動画視聴中の広告が煩わしく感じている場合にはおすすめです。また、お気に入りの動画をダウンロードしておき、インターネットに接続されていないときでも楽しめるオフライン再生を利用できます。
　スマートフォン向けのYouTubeアプリ（第10章参照）を利用している場合、アプリを開いていないときも動画の音声や音楽を聴くことができるバックグラウンド再生を利用できます。さらに、YouTube Premiumには、音楽配信サービスである「YouTube Music Premium」が含まれており、YouTube Musicアプリから1億以上の楽曲を広告なしでストリーミング再生することもできます。
　YouTube Premiumには「個人」「ファミリー」「学割」の3つのプランがあります。個人プランでは、年単位で契約すると割引が適用されます。ファミリープランでは、同世帯の家族（13歳以上）が最大5人まで追加可能です。学割プランは、契約の際や、年度が終わるタイミングで確認手続きが必要です。

● **YouTube Premiumの特典**

- 動画を広告なしで無制限に再生できる
- 動画をデバイスに一時保存して、インターネット接続していないときでも視聴できる（オフライン再生）
- スマートフォン向けYouTubeアプリではバックグラウンド再生ができる
- YouTube Music Premiumで1億以上の楽曲が聴き放題になる

YouTube Premium

YouTube Music

● **YouTube Premiumの各プラン※**

	個人	ファミリー	学割
Webブラウザ	1,280円／月または12,800円／年	2,280円／月	780円／月
Android	1,280円／月または12,800円／年	2,280円／月	780円／月
iPhone	1,680円／月	2,900円／月	―

※2024年10月現在の料金です。キャンペーン期間によって「初回○か月無料でお試し」などが適用されることがあります。

第 **2** 章

快適・便利に利用する！動画の視聴技

025			基本画面
026	▶▶	029	検索
030	▶▶	034	再生
035	▶▶	037	評価
038	▶▶	040	再生履歴
041	▶▶	043	キュー
044	▶▶	045	後で見る
046	▶▶	050	再生リスト
051			テレビ再生
052	▶▶	054	YouTube ショート動画
055	▶▶	058	チャンネル登録
059	▶▶	060	メンバーシップ

025 YouTubeの視聴に関する機能を知りたい！

A 視聴画面の構成をチェックして、各種機能を覚えましょう。

ここでは、YouTubeで動画を視聴するページの基本構成を確認します。動画ページの構成を押さえておけば、このあとの説明で、どの部分を指しているのかをイメージしやすくなります。

なお、YouTubeで公開されている動画は誰でも視聴できますが、作成した再生リストの共有やコメントの追加には、Googleアカウントの作成が必要です。実際に操作を始める前に、あらかじめGoogleアカウントでログインして、チャンネルを作成しておきましょう（Q.009、Q.011参照）。

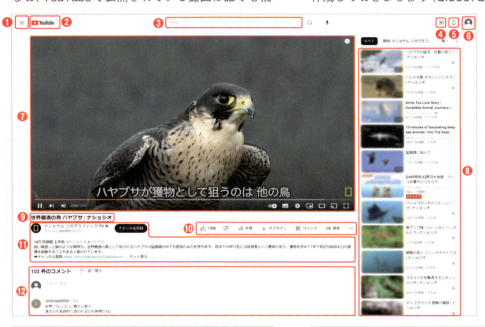

❶メニュー	メニューの表示／非表示を切り替えます。
❷YouTubeロゴ	ホーム画面に移動します。
❸検索	キーワードで動画を検索します。🎤をクリックすると音声で検索もできます。
❹作成	動画のアップロード／配信を開始します。
❺通知	登録チャンネルの新着動画などのお知らせを通知します。
❻アカウント	アカウント管理メニューを表示します。
❼プレイヤー	動画を再生します。
❽関連動画	再生中の動画に関連する動画が表示されます。
❾タイトル	動画のタイトルが表示されます。
❿操作ツール	評価や共有、再生リストへの保存などが行えます。
⓫動画情報	投稿者のチャンネル情報と公開日、視聴回数、動画の説明が表示されます。
⓬コメント	動画へのコメント投稿や閲覧ができます。

Q 026 | #検索
キーワードで動画を検索したい！

A 画面上部の検索エリアにキーワードを入力します。

YouTubeのホーム画面上部の検索エリアに見たい動画のキーワードを入力すると、キーワード候補の一覧が表示されます。候補の中から目的のキーワードに近いものを選択するか、そのままキーボードの Enter を押すと、検索結果が表示されます。

1 検索エリアにキーワードを入力し、

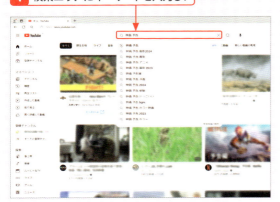

2 候補をクリック、または Enter を押します。

3 検索結果が表示されます。

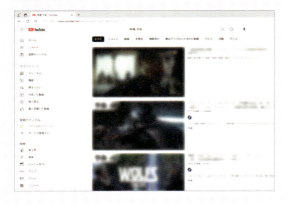

Q 027 | #検索
おおよそのアップロード日を指定して検索したい！

A 「アップロード日」フィルタを使って、動画の投稿日を絞ります。

新着の動画を見たいときは、キーワードで検索後、フィルタを利用することで「1時間以内」「今日」「今週」など、アップロードのおおよそのタイミングを指定して絞り込むことができます。

1 見たい動画をキーワードで検索し、

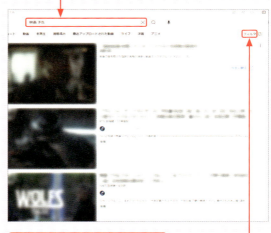

2 ［フィルタ］をクリックします。

3 「アップロード日」の中から、任意の項目をクリックします。

Q 028 | フィルタで絞り込みたい！
#検索

A フィルタは複数組み合わせて検索できます。

複数のフィルタを組み合わせるには、これまでのフィルタを適用する手順をくり返します。フィルタを選択すると、すぐに検索が始まりフィルタウインドウが閉じてしまうので、その都度［フィルタ］をクリックして追加します。

1 Q.027を参考に［フィルタ］をクリックし、これまでの手順をくり返してフィルタを追加します。

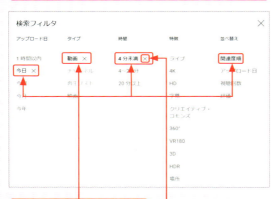

2 適用されているフィルタは太字で表示されます。

3 フィルタを解除するには、フィルタの右側にある☒をクリックします。

「今日」アップロードされた「短い（4分以内）」の「動画」が検索結果として表示されました。

Q 029 | 検索結果を新しい順に並べ替えたい！
#検索

A フィルタで「アップロード日」をクリックします。

YouTubeで検索すると、デフォルトで「関連度順」に結果が表示されます。これを新しい順に並べ替えるには、［フィルタ］→［アップロード日］の順にクリックします。ほかにも、「視聴回数」や「評価」の数による並べ替えが可能です。

1 Q.027を参考に［フィルタ］をクリックし、

2 「並べ替え」の中から、［アップロード日］をクリックします。

3 検索結果がアップロード順に並び替わります。

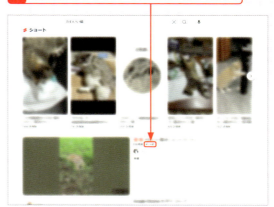

030 | 動画を再生したい！

A プレイヤーのコントローラーを使って、再生や停止の操作を行います。

再生と停止、音量の調整は、プレイヤー下部のコントローラーで操作します。また、動画の上でクリックすることで、再生と停止の切り替えが可能です。

1 見たい動画のページを表示すると再生が開始します。動画によっては広告が再生される場合もあります。

↓

2 再生中に をクリックすると一時停止します。再び ▶ をクリックすると、一時停止した場所から再生が始まります。

3 スピーカーのアイコンにマウスポインタを合わせると表示されるスライダーで、任意の音量に調整できます。また、クリックするとミュート（消音）になります。

031 | 動画の再生速度を変更したい！

A ［設定］から［再生速度］を選択して、速度を指定します。

YouTubeでは、動画の再生速度を変更することができます。スローモーションでじっくり動画を見たり、速い再生で流し見をしたりするときなどに活用しましょう。

1 をクリックして、

2 ［再生速度］をクリックします。

↓

3 好きな速度を選択します。

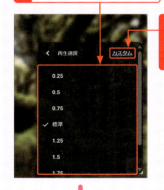

4 自由に速度を設定したい場合は、［カスタム］をクリックします。

↓

5 カスタム設定では、スライダーを左右に動かして速度を指定できます。

Q 032 動画に字幕を付けて再生したい！

A プレイヤー下部に表示される[字幕]アイコンをクリックします。

字幕が利用可能な動画を再生すると、プレイヤー右下に[字幕]アイコンが表示されます。このアイコンをクリックして、字幕の表示／非表示を切り替えます。なお、字幕の色やサイズを変更する場合は、⚙→[字幕]→[オプション]の順にクリックします。

1 プレイヤーの右下に表示される▣をクリックします。

2 字幕が表示されます。

⚙→[字幕]で、字幕の言語や翻訳の設定ができます。さらに[オプション]をクリックすると、文字のサイズや色などが変更できます。

Q 033 自動再生しないようにしたい！

A [自動再生]のスイッチをクリックしてオフにします。

再生中の動画が終了すると、「次の動画」が自動で再生されます。自動再生をオフにするには、プレイヤーの下方にある ▶ をクリックします。自動再生をオフにした場合、再生中の動画が終了すると「次の動画」を再生する代わりに、関連動画のサムネイルがプレイヤーに一覧表示されます。

1 プレイヤーの下方にある「自動再生」の ▶ をクリックして、オフにします。

2 「自動再生」のスイッチがに変化し、オフになったことがわかります。

3 動画の再生が終了すると、関連動画のサムネイルが表示されます。

Q 034 | 再生中の動画の投稿者のチャンネルを見たい！

#再生

A 投稿者名をクリックします。

視聴している動画の投稿者が、ほかにどんな動画を投稿しているかを見たいときは、動画の下に表示されている投稿者名をクリックします。投稿者のチャンネルページが表示され、投稿動画や再生リスト、そのユーザが登録しているチャンネル情報などが確認できます。

1 再生中の動画の投稿者名をクリックします。

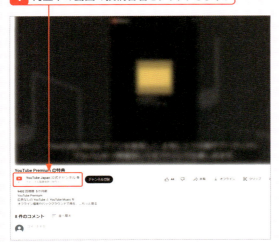

2 投稿者のチャンネルページが表示されます。

Q 035 | 動画を評価したい！

#評価

A プレイヤーの下に表示される 👍 をクリックします。

気に入った動画やすばらしい内容の動画には、評価を付けることができます。高い評価には 👍、低い評価には 👎 をクリックします。なお、この操作はYouTubeにログインしている状態でのみ可能です。

1 動画の右下に表示される 👍 をクリックします。

2 すぐに評価が反映されます。

評価したあと、再度アイコンをクリックすると、評価が取り消されます。

Q 036 ＝評価 | 高く評価した動画を確認したい！

A 画面左のメニューから［高く評価した動画］をクリックします。

高く評価した動画は保存されているので、あとからまとめて視聴したい場合や、「あの動画なんだったっけ」といったときに確認することができます。この操作はYouTubeにログインしている状態でのみ可能です。なお、低く評価した動画の確認方法は用意されていません。

1 をクリックしてメニューを表示し、

2 ［高く評価した動画］をクリックします。

3 高く評価した動画が一覧表示されます。

［すべて再生］をクリックすると、高く評価した動画が連続して再生されます。

Q 037 ＝評価 | 動画にコメントを付けたい！

A コメントを付けたい動画のコメント欄に入力します。

動画にコメントを付けたい場合は、画面をスクロールしてコメント欄を表示し、自分のアイコンの右側にある［コメントする］をクリックしてコメントを入力します。なお、コメントが無効に設定されている動画では、コメントの入力はできません。また、この操作はYouTubeにログインし、自分のチャンネルを作成している場合にのみ可能です。

1 コメント欄の最上部にある自分のアイコンの右側の［コメントする］をクリックします。

2 コメントを入力して、

3 ［コメント］をクリックします。

4 投稿したコメントが反映されました。

Q 038 前に見た動画をもう一度見たい！

再生履歴

A 再生履歴から再生します。

以前見て気に入った動画をもう一度見たい。そんなときは、履歴画面で再生履歴を選択します。これまでに再生した動画が一覧表示されるので、見たい動画をクリックして再生します。

1 ≡をクリックしてメニューを表示し、

2 [履歴]をクリックします。

3 再生履歴が表示されます。

4 表示された再生履歴の中から、見たい動画を探します。

Q 039 再生履歴を残したくない！

再生履歴

A 再生履歴の保存を一時的に停止します。

YouTubeで再生した動画は、再生履歴として随時保存されます。再生の記録を履歴に残したくない場合は、一時的に保存を停止することができます。

1 Q.038の方法で「再生履歴」画面を表示します。

2 [再生履歴を保存しない]をクリックします。

3 確認のウインドウが表示されたら、内容を確認して[一時停止]をクリックします。

4 保存を再開するには、[再生履歴を有効にする]→[オンにする]の順にクリックします。

43

Q 040　#再生履歴
すべての再生履歴を削除したい！

A　履歴画面で一括削除できます。

再生履歴を削除するには、画面右側にある［すべての再生履歴を削除］をクリックします。なお、特定の動画だけを個別に削除したい場合は、再生履歴のリストで不要な動画の×をクリックします。

1 Q.038の方法で「再生履歴」画面を表示します。

2 ［すべての再生履歴を削除］をクリックします。

3 確認のウインドウが表示されたら、内容を確認して［再生履歴を削除］をクリックします。

4 すべての履歴が削除されました。

Q 041　#キュー
次に再生する動画を指定したい！

A　次に見たい動画を「キュー」のリストに追加します。

動画再生中に、画面の右側に表示される関連動画やホーム画面のおすすめ動画などを次に再生させたいときは、動画を「キュー」に追加します。

1 関連動画やおすすめ動画のサムネイルにマウスポインタを合わせ、▤をクリックします。

2 動画が「キュー」のリストに追加されます。

追加された動画は、「キュー」のリストの順番に再生されます。

Q 042 │ 「キュー」の再生順を変更したい！

A 「キュー」のリストから動画をドラッグします。

「キュー」に追加した動画は、リストの順番に再生されます。再生順を変更する場合は、リスト内の動画を上下にドラッグして並び順を入れ替えます。ホーム画面のミニプレイヤー上でも、「キュー」のリストの順番を変更できます。

1 「キュー」のリストで順番を移動したい動画をドラッグします。

2 順番が入れ替わりました。

ドラッグして2番目に配置した動画は、現在再生中の動画のあとに再生が開始されます。

Q 043 │ 「キュー」から動画を削除したい！

A 動画の右側に表示されるゴミ箱のアイコンをクリックします。

「キュー」のリスト上にある動画にマウスポインタを合わせると、右側に が表示されます。このアイコンをクリックし、[再生リストから削除] をクリックすると、「キュー」から動画が削除されます。

1 削除したい動画にマウスポインタを合わせ、

2 をクリックし、

3 [再生リストから削除] をクリックします。

4 動画が「キュー」から削除されました。

Q 044 「後で見る」リストに動画を追加したい！

\# 後で見る

A プレイヤー下部の[保存]をクリックします。

再生中の動画を「後で見る」リストに追加するには、プレイヤー下部の[保存]をクリックし、次に表示されるウインドウで[後で見る]にチェックを入れます。

1 プレイヤー下部の[保存]をクリックします。

2 [後で見る]にチェックを付けます。

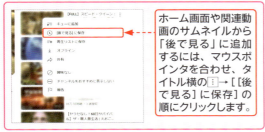

ホーム画面や関連動画のサムネイルから「後で見る」に追加するには、マウスポインタを合わせ、タイトル横の︙→[[後で見る]に保存]の順にクリックします。

Q 045 「後で見る」リストの動画を連続再生したい！

\# 後で見る

A 「後で見る」のページで、[すべて再生]をクリックします。

画面左側のメニューで[後で見る]をクリックすると、「後で見る」の画面に切り替わります。この画面のプレイヤー上に表示される[すべて再生]をクリックすると、リスト内の動画がリスト順に連続して再生されます。

1 ☰をクリックし、

2 [後で見る]をクリックします。

3 「後で見る」ページのプレイヤー上に表示される[すべて再生]をクリックします。

Q 046 「再生リスト」を作成したい！

\# 再生リスト

A 新しい「再生リスト」を作って、好きな動画を追加します。

「再生リスト」は、リストに登録したい動画のページから作成します。作成ウインドウには、保存先として「後で見る」や作成済みの再生リストが表示されますが、ここでは「新しいプレイリストを作成」を選択します。

プレイリストへの動画の追加も、同じ手順で行います。[保存]をクリックしたあと、開いたウインドウで追加したい再生リストを選びます。

なお、再生リストは「公開」「限定公開」「非公開」の3つの中から公開範囲を設定できます。初期値は「非公開」になっているので、再生リストを公開したい場合は、「限定公開」か「公開」に設定しましょう。なお、自分のチャンネルを作成していない場合、選択できるプライバシー設定は「非公開」のみです。

1 再生リストに登録したい動画のページを開き、プレイヤー下の[保存]をクリックします。

2 「動画の保存先」ウィンドウで、[新しい再生リストを作成]をクリックします。

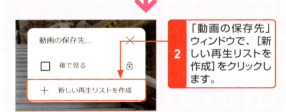

3 再生リストの名前を入力し、

4 [プライバシー設定]で、公開範囲を指定します。

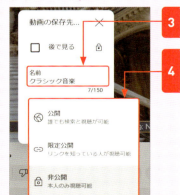

5 [作成]をクリックすると、再生リストが作成されます。

6 作成したプレイリストに動画を追加するには、手順 **1** の方法で[保存]をクリックします。

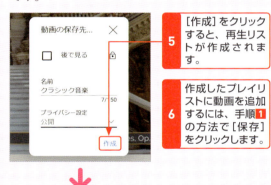

7 「動画の保存先」ウインドウで、作成した再生リストにチェックを付けます。

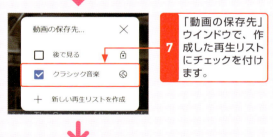

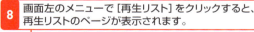

8 画面左のメニューで[再生リスト]をクリックすると、再生リストのページが表示されます。

Q 047 「再生リスト」の動画を見たい！

A 再生リストのページで再生できます。

作成した再生リストへは、画面左側のメニューや「ライブラリ」からアクセスします。再生リストのページで、見たい動画を探したり、すべての動画を連続再生したりできます。

> **1** Q.046手順8の方法で、再生リストのページを表示します。

> **2** 見たい再生リストの[再生リストの全体を見る]をクリックします。

> **3** 再生リストの画面に切り替わったら、見たい動画のサムネイルか、[すべて再生]をクリックします。

「再生リスト」の再生画面には、右側にリストが表示されます。リピートやシャッフルなどの操作も可能です。

Q 048 「再生リスト」の動画を並べ替えたい！

A リスト内で動画をドラッグして並べ替えます。

再生リスト内の項目は、上下にドラッグして自由に並べ替えができるほか、「追加日」や「人気順」「公開日」などのフィルタを使ってソートできます。

> **1** サムネイルの左側にある≡の部分にマウスポインタを合わせてドラッグすると、手動で移動できます。

> **2** [並べ替え]をクリックして、

> **3** フィルタを選択して並べ替えることもできます。

Q 049 「再生リスト」の動画を削除したい！

A 動画の右側にある︙のメニューから個別に削除します。

再生リストの動画を削除するには、再生リストを表示し、削除したい動画にマウスポインタを合わせると右側に表示される︙をクリックし、[[再生リスト名]から削除]をクリックします。なお、まとめて削除する方法はありません。すべての動画が不要になった場合は、再生リスト自体を削除します。

1 削除したい動画にマウスポインタを合わせ、︙をクリックして、

2 [[再生リスト名]から削除]をクリックすると、動画がリストから削除されます。

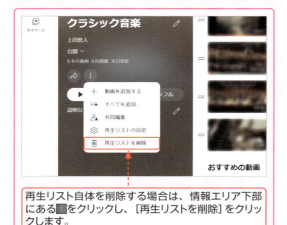

再生リスト自体を削除する場合は、情報エリア下部にある︙をクリックし、[再生リストを削除]をクリックします。

Q 050 「再生リスト」の公開設定を変更したい！

A 再生リストの画面からいつでも変更できます。

再生リストの公開範囲は、再生リスト作成時に設定しますが、あとから変更することが可能です。再生リストのページで、公開範囲を変更できます。

1 現在の公開設定が表示されている箇所をクリックします。

2 表示されたメニューで、変更したい項目をクリックすれば設定は完了です。

Q 051　#テレビ再生
テレビでYouTubeは見られる？

A 周辺機器を利用するか、スマートテレビを利用する方法などがあります。

YouTubeをテレビで視聴するには大きく分けて2つの方法があります。1つ目は、「Chromecast」や「Fire TV Stick」などの周辺機器を利用する方法です。2つ目がYouTube対応の「スマートテレビ」を利用する方法です。スマートテレビのテレビリモコンからYouTubeアプリを起動するほか、スマートフォンをリモコン代わりにしてYouTubeを再生できます（同じWi-Fiに接続されている必要があります）。

● 周辺機器を利用

周辺機器	利用方法
Chromecast	テレビのHDMI端子に接続し、スマホの専用アプリから設定
Fire TV Stick	テレビのHDMI端子に接続
Apple TV	電源ケーブルとHDMIケーブルを接続し、iPhoneなどで設定後、YouTubeアプリをインストール
Androidスマートフォン	USB-Cケーブルでテレビに接続
iPhone	ライトニングケーブルでテレビに接続
ゲーム機	インターネット接続機能があるゲーム機で、各ゲームストアからYouTubeアプリをダウンロード

● スマートテレビを利用

スマートフォンをリモコン代わりにするには、スマートフォン向けYouTubeアプリ（第11章参照）で再生画面を表示し、📺をタップして該当のテレビを選択するか［テレビコードでリンク］をタップします。また、画面下部の［マイページ］→⚙→［テレビで見る］（iPhone版は⚙→［全般］→［テレビで見る］）の順にタップすることでもテレビを選択したり、テレビコードを入力したりすることが可能です。

Q 052　#YouTubeショート動画
YouTubeショート動画って何？

A YouTubeに投稿されている1分以内の短い動画です。

「YouTubeショート動画」とは、YouTubeに投稿されている1分以内の短い動画を指します。2021年7月から開始されたサービスで、従来までのYouTube動画とは動画時間をはじめ、視聴方法や画面表示などが異なります。また、スマートフォン向けYouTubeアプリを利用するとかんたんに動画を撮影でき、投稿しやすい点も大きな特徴です（Q.329参照）。2024年10月15日からは、最長3分のショート動画を順次作成できるようになっています。

ショート動画はチャンネル登録者数や再生回数に関わらず、ランダムで表示されるしくみのため、新たなチャンネル登録者獲得にもつなげやすいといえます。さらに、ショート動画でYouTubeパートナープログラムが提示する条件を満たせば収益化することも可能です（Q.228参照）。

● YouTubeショート動画の特徴

動画時間	1分以内〜最長3分（順次実装される予定）
視聴方法	表示される動画をスクロール
画面表示	縦長動画がメイン
動画作成・投稿	スマートフォン向けYouTubeアプリだけで撮影から編集、投稿まで可能（3分のショート動画を除く）

YouTubeショート動画は、「ショート」ページ（Q.053参照）のほか、検索結果やチャンネルページなどで表示されます。ショート動画を再生すると、YouTubeショートプレーヤーで継続的に再生されます。

Q 053 YouTubeのショート動画を再生したい！

YouTube ショート動画

A 画面左のメニューから［ショート］をクリックします。

YouTubeショート動画を視聴するには、画面左側のメニューで［ショート］をクリックします。「ショート」画面に切り替わり、YouTubeショート動画が再生されます。

1 画面左のメニューで［ショート］をクリックします。

2 「ショート」画面が表示されます。

3 画面を下方向にスクロールすると次のショート動画が再生されます。

↓をクリックすることでも次のショート動画を再生できます。

Q 054 YouTubeのショート動画の再生画面を確認したい！

YouTube ショート動画

A 基本的な機能は通常のYouTube動画と似ています。

YouTubeショート動画を視聴するページの基本構成を確認しておきましょう。基本的には、通常のYouTube動画の視聴ページと大きく変わりません。評価やコメント、共有などが可能です。

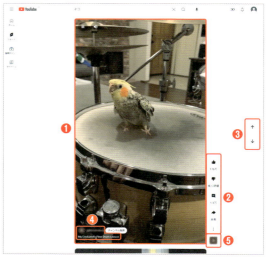

❶ YouTubeショートプレーヤー	ショート動画を再生します。
❷ 操作ツール	評価やコメント、共有などが行えます。□をクリックするとショート動画の説明を確認したり、「再生リスト」に保存したりできます。
❸ 前／次の動画	前／次の動画を再生できます。
❹ チャンネル情報	投稿者のチャンネルページが表示されます。
❺ ショート動画一覧	投稿者のショート動画一覧ページが表示されます。

Q 055 ｜ ＝チャンネル登録

再生画面からチャンネル登録したい！

A 気に入った動画を見つけたら、その場でチャンネル登録できます。

視聴中の動画を気に入ったら、動画プレイヤーの右下に表示される［チャンネル登録］をクリックします。すると、その場で動画投稿者のチャンネルを登録できます。なお、この操作はYouTubeにログインしている状態でのみ可能です。

1 動画再生ページで、プレイヤーの下にある［チャンネル登録］をクリックします。

2 表示が［登録済み］に変わりました。

Q 056 ｜ ＝チャンネル登録

チャンネルページからチャンネル登録したい！

A チャンネルページで［チャンネル登録］をクリックします。

動画の再生画面以外にも、その動画を投稿しているチャンネルページからチャンネル登録をすることができます。チャンネルページを表示して、［チャンネル登録］をクリックしましょう。なお、この操作はYouTubeにログインしている状態でのみ可能です。

1 チャンネルページでは、チャンネル名の下にある［チャンネル登録］をクリックします。

2 表示が［登録済み］に変わりました。

Q 057 ＃チャンネル登録
登録したチャンネルはどこで見られる？

A 画面左のメニューから、登録チャンネルページを開けます。

登録したチャンネルは、画面左側のメニューの「登録チャンネル」から各チャンネルにアクセスできます。また、同じく左のメニューにある［登録チャンネル］をクリックすると、登録チャンネルの動画をまとめて表示できます。

1 登録したチャンネルは、画面左のメニュー内に表示されます。

2 左のメニューで［登録チャンネル］をクリックすると、登録したチャンネルの動画が一覧表示されます。

Q 058 ＃チャンネル登録
チャンネル登録を解除したい！

A ［登録済み］をクリックします。

チャンネルの登録解除は、登録と同じくらいかんたんです。チャンネルページ、または自分の「登録チャンネル」ページのチャンネル一覧で、［登録済み］のボタンをクリックします。

1 左のメニューで［登録チャンネル］をクリックし、

2 ［管理］をクリックします。

3 解除したいチャンネルの右側にある［登録済み］をクリックし、

4 ［登録解除］をクリックします。

5 確認のメッセージが表示されたら、［登録解除］をクリックします。

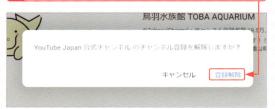

Q 059 | メンバーシップって何？

A 視聴者に提供される、チャンネル運営者が設定したサブスクリプションサービスです。

YouTubeの「メンバーシップ」とは、YouTubeチャンネルの運営者が、視聴者に対して提供する有料のサブスクリプションサービスです。メンバーシップは、チャンネル運営者にとって収益源の1つにもなるため、応援したい動画投稿者やチャンネルがある場合は参加を検討してもよいでしょう。メンバーシップを登録することで、メンバー限定のコミュニティやチャットへ参加し、交流できるほか、メンバー限定動画や配信の視聴も可能です。また、チャンネル運営者が提供するカスタム絵文字やバッジ、そのほかのアイテムなど、チャンネルごとにさまざまな特典が用意されています。さらに、メンバーになることで、チャンネル運営者に自分の存在を認知してもらいやすくなるというメリットもあります。

● 主なメンバーシップの特典

チャンネルによって、提供される特典内容は異なります。

Q 060 | メンバーシップを登録したい！

A チャンネルページで[メンバーになる]をクリックします。

メンバーシップを設定しているチャンネルは（Q.262参照）、チャンネルページに[メンバーになる]が表示されているので、クリックして、支払い方法を設定し、購入の手続きを行います。

1 チャンネルページで[メンバーになる]をクリックします。

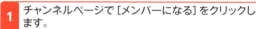

2 「メンバーシップ」画面で料金や特典内容などを確認し、

3 [メンバーになる]をクリックします。

4 支払い方法を設定し、

5 [購入]をクリックします。

第**3**章

関心を惹き付ける！
動画作成&編集技

061 ▸▸ 062	**撮影機材**
063 ▸▸ 067	**構成**
068 ▸▸ 069	**注意点**
070 ▸▸ 079	**動画編集**
080 ▸▸ 090	**タイトル・テロップ・ロゴ**
091 ▸▸ 095	**補正・効果**
096 ▸▸ 100	**BGM**
101 ▸▸ 107	**VTuber**

 ≡撮影機材

061 どんなカメラで撮影すればよい？

 コンテンツによって複数の選択肢がありますが、最近のスマホカメラでも十分対応できます。

YouTubeで公開する動画を撮影するにあたって、よく利用されているカメラには、大きく4種類があります。中でも、スマートフォンの付属カメラが、その代表格といえるでしょう。最近のスマホカメラは4Kは当たり前、中には8Kでの撮影に対応する機種が登場するなど、十分な機能を持っています。三脚や外部マイクなどの機材を揃えることで、さまざまなシーンに対応できます。

スマホカメラのほかには、家庭用ビデオカメラ、動画機能付きデジタル一眼カメラなどが一般的です。これらのカメラをすでに持っている場合は、初期投資も抑えられます。

もう1つの選択肢は、アクションカメラに分類されるカメラです。アクションカメラは、スポーツやアウトドアでの撮影に最適化された小型のデジタルビデオカメラです。自動車や自転車、身体などに取り付けて、臨場感ある動画を撮影するのが得意です。

一方、デジタル一眼カメラは三脚に設置して人物や風景にフォーカスした定点撮影に向いています。このように、撮りたい動画の内容によって、どのようなカメラを選べばよいかの選択肢は異なります。まずはスマホなど手持ちのカメラから始めて、自分がどんな動画を撮りたいのか見極めてからカメラを選ぶとよいでしょう。

スマートフォン
三脚やジンバルなど状況に合った機材を使うことで、インドア、アウトドア問わず撮影できます。

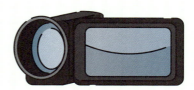

家庭用ビデオカメラ
スマホと同様にオールマイティーに使用できます。手ブレ防止・補正機能や長時間撮影でも威力を発揮します。

デジタル一眼カメラ
レンズが選べる点が魅力です。大口径レンズを使った背景ボケなど、おしゃれで印象的な映像が撮れます。

アクションカメラ
車載やジンバルなどに設置することを想定した小型ビデオカメラです。アウトドアなど動的な映像を撮りたい人の第一の選択肢です。

062 カメラ以外で撮影に必要なものはある？

A 三脚や外部マイクはあったほうがよいでしょう。

カメラ以外の撮影機材も、どのような動画を作るかによって選択肢は異なります。そんな中でもまず準備したいのは、カメラを固定する三脚です。とくに、トークと撮影を1人で行う場合には、必須のアイテムとなります。屋外で撮影するなら、一般的な三脚のほかに脚の部分が自在に曲がる小型三脚もあると便利でしょう。

次に、マイクです。通常ビデオカメラには内蔵マイクが付いていますが、内蔵マイクは周囲の音を満遍なく拾ってしまうため、出演者の音声だけを際立たせたいタイプの動画には不向きです。トーク主体の動画を作成したい場合は、外付けのマイクも用意するとよいでしょう。

自宅など屋内での撮影では、照明が必要になるかもしれません。日中の撮影では、自然光をうまく取り入れることで明るさを保てますが、撮影が夜間になってしまう人は、照明の導入も検討してみましょう。

最後に紹介するのは、グリーンバックです。動画の背景を別の映像に挿し替えてクロマキー合成をしたいときに使用します。このような合成をしない場合は、グリーンバックを用意する必要はありません。

三脚
自分1人で撮影と出演をこなすなら、三脚は必須。屋外での撮影には、小回りの利く小型の三脚もあると便利です。

照明
自撮り動画からの脱却を目指す場合は、照明の導入も検討してみましょう。人物やアイテムをキレイに映せます。自宅で動画を撮影するための、自撮り用リングライトも人気です。

外付けマイク
マイクは話者に近づけるほど音質も安定するので、ピンマイクを使用するのも1つの方法です。

グリーンバック
グリーンやブルーの布地や紙を背景に設置することで、人物を背景から切り抜きやすくします。

Q 063 ≠構成
視聴者のターゲットは想定するべき？

A ある程度想定することで、チャンネル登録者を増やすことができます。

視聴者のターゲットは、ある程度想定するべきです。たとえば、「旅行」がテーマのチャンネルを開設するとします。ひと口に旅行といっても、自由な一人旅を愛するバックパッカーもいれば、贅沢な時間を過ごしたい旅行好きのシニアもいるでしょう。初めから自分のスタイルに近い視聴者層を想定しておけば、動画の方向性も決めやすくなります。

ターゲットとチャンネルのテーマには、密接な関係があります。動画で「何を」「誰に」伝えたいのか。この2つは、セットで考えるとよいでしょう。自分がやりたいことや得意な分野を共有したい視聴者層を、一度書き出してみるのもおすすめです。

ターゲットを絞ることは、同じ趣味趣向を持つ視聴者を惹き付け、チャンネル登録につなげる狙いもあります。このように、特定の層の視聴者を集めることで、チャンネルをコミュニティとして育てていくのが理想です。

参考：YouTubeの基本10か条：ターゲット選択（#5）
https://www.youtube.com/watch?v=4vjzAi_dUzU

Q 064 ≠構成
1つの動画で伝えることはいくつまで？

A なるべく1つないし2つまでに絞りましょう。

動画の撮影の前には、その動画で伝えたいことをあらかじめ決めておきます。それは、新しく見つけたお店の情報であったり、今が旬の魚の捌き方、あるいは特定の層の視聴者に向けた真摯なメッセージかもしれません。

しかし、1つの動画にそれらすべてを盛り込んでしまうのはNGです。詰め込みすぎて、結局何がいいたいのかわからなくなってしまいます。伝えたいことがいくつもある場合は、それぞれ別の動画に分けて配信したほうが効果的でしょう。

また、伝えたいことが不明瞭な動画も、見る側にとって掴みどころがわからず、最後まで見てもらえない可能性が高くなります。伝えたいことを明確にするには、動画の冒頭でその動画のコンセプトを簡潔に説明する方法もあります。

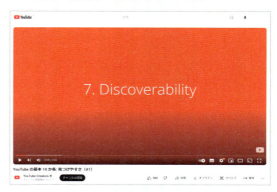

参考：YouTubeの基本10か条：見つけやすさ（#7）
https://www.youtube.com/watch?v=iJqmiK-kYso

Q ♯構成

065 動画のシナリオ展開の例が知りたい！

A 導入・展開・結末を意識した、3部構成を基本にしましょう。

小説の基本は「起・承・転・結」といわれますが、個人の動画でそこまで緻密なストーリーを展開するのは至難の技です。だからといって、行き当たりばったりでダラダラと喋っても、余程のキャラクター性がない限り、視聴者はついてきてくれません。そこで動画の台本（シナリオ）を作成する際に意識したいのが、次のような3部構成です。

1. 導入 — いわゆる「つかみ」の部分
2. 展開 — 問題や課題の提示
3. 結末 — 視聴者が知りたかった解決に導く

たとえば料理のレシピを紹介する場合、まず導入で「食べてみたい」「作ってみたい」と思わせる美味しそうな完成図を見せます。このとき、材料をかんたんに紹介しておきます。次の展開部では、作り方の手順を一通り追います。動画のメインになる部分です。
最後に材料の詳しい分量や火加減のポイント、調味料を入れるタイミングなど、美味しく仕上げるためのコツを解説しながら、再び完成図で締めます。
料理に限らずどのような動画でも、こうした3部構成をベースに展開させるとよいでしょう。

導入で全体の概要を説明し、展開でその過程を見せて、最後に結末で完成を見せるシナリオは、視聴者にわかりやすく伝えることができるシナリオ例です。

= 構成

066 共感を得るためのコツを知りたい！

 自分の得意分野や関心分野のコミュニティとつながることが近道です。

動画で共感を得るといっても、すべての視聴者から共感を得るのは不可能と考えるべきです。しかし、それは動画で共感を得ることはできないという意味ではありません。動画を見てくれたすべての視聴者に共感を求めるのではなく、ある特定の視聴者グループの心を掴むことが重要なのです。

ある特定のグループとは、自分が得意としていたり、強い関心を持っている分野の知識や話題を共有できるグループ、つまりターゲットにしたい視聴者層ということになります。

こうしたターゲットとなる視聴者層を引き寄せるには、チャンネルや動画のテーマ選びが重要です。

ポイントは、現在のYouTubeにはない、あっても非常に少数のテーマを選ぶことです。ニッチなテーマでは、視聴回数やチャンネル登録者数を増やすのは難しいと思うかもしれません。しかし、すでに人気のテーマを扱っても、その中で頭角を表すのは並大抵のことではできません。

一方、ニッチなテーマであっても、その情報を必要としている人やそのテーマについて語れる仲間を探している人は、思っている以上に存在するものです。そうしたポテンシャルを持った視聴者の共感を得ることで、そのチャンネルが小さなコミュニティを生み出すことができます。

参考：YouTubeの基本10か条：会話（#2）
https://www.youtube.com/watch?v=hl-s1MOZoME

参考：YouTubeの基本10か条：インスピレーション（#10）
https://www.youtube.com/watch?v=K7qEG6SWhUI

≡ 構成

067 最後まで見てもらえる動画作りのポイントは？

 冒頭15秒以内の「つかみ」が肝心です。

自分のYouTubeチャンネルや動画を公開したら、視聴回数やチャンネル登録者数と並んでチェックしたいのが「視聴維持率」です。視聴維持率は、視聴者がその動画をどのくらい見続けたのかを計測したものです。

YouTubeの動画全体でもっとも離脱率が高いのが、動画再生開始後15秒以内という統計があります。最後まで視聴者に動画を見続けてもらうためには、まず動画の導入部分を工夫して、興味を持ち続けてもらうことが重要です。

具体的には、「①冒頭にインパクトがある映像を持ってくる」「②問題の解決など、その動画を見ることで得られる情報を最初に伝える」「③視聴者への語りかけや質問の投げかけを行う」「④視聴者の好奇心を刺激する」といったテクニックを駆使して、冒頭の離脱を回避します。

もちろん、冒頭の15秒以降も、その動画を必要としている視聴者のニーズに応えることを念頭に、興味を持続してもらえる動画を作成する必要があります。また、動画全体の尺（時間）をコンパクトに収めたほうが、最後まで見てもらえる確率も上がるでしょう。

● スキップされない動画作りのコツ

- 最初の映像を魅力的なものにする
- すぐに視聴者に語りかける
- どのような内容の動画かを冒頭で伝える
- 視聴者の好奇心を刺激する
- 質問を投げかける
- 冒頭部分を動画の「予告編」として使う
- よほどすばらしいものでない限り、宣伝などの表示は5秒以内に抑える

参考：YouTubeクリエイターズアカデミー
https://creatoracademy.youtube.com/page/home

● 開始15秒以内で動画のコンセプトを紹介する

参考：動画集客チャンネル「【完全解説】YouTubeアナリティクスの使い方」
https://www.youtube.com/watch?v=EBsCh652KXI

Q 068 投稿できない動画はある？ = 注意点

A 自分以外の人が著作権を保有するものは、基本的に投稿できません。

YouTubeに投稿できるのは、自作の動画または所定の使用許諾を得た動画です。他人の著作物を勝手に投稿することはもちろん、ほかの人が著作権を有するコンテンツ（音楽トラック、テレビや映画の一部、ほかのユーザーが作成した動画など）を許可なく自分の動画に使用することも禁止されています。

また自作の動画であっても、暴力的、性的な内容であったり危険なチャレンジや度を超えたイタズラなど有害なコンテンツと見なされた場合、規制の対象になることがあります。

詳しくは、YouTubeの利用規約やコミュニティガイドラインに記載されているので、動画を投稿する前に確認しておきましょう。

参考：利用規約 - YouTube
https://www.youtube.com/static?template=terms

Q 069 撮影で注意するべきことは何？ = 注意点

A 通行人など第三者や著作物の写り込みに注意しましょう。

屋外で撮影する際は、通行人など出演者以外の第三者の写り込みには注意しましょう。また出演者との間でも、事前にモデルリリース（肖像権使用許諾書）を取り交わすなど、権利関係には注意が必要です。

撮影場所の事前リサーチも必要です。撮影禁止の場所や、撮影に許可が必要な場合があります。

参考：文化庁 - いわゆる「写り込み」等に係る規定の整備について
https://www.bunka.go.jp/seisaku/chosakuken/hokaisei/utsurikomi.html

Q  ＃動画編集

070 撮影した動画をパソコンに取り込みたい！

 USBケーブルで接続するか、SDカードから取り込むのが一般的です。

ビデオカメラやスマホで撮影した動画をパソコンに取り込む方法は、多くの場合、USBケーブルを使って撮影機器とパソコンを接続することによって行います。また、パソコン本体にSDカードスロットがある場合は、動画ファイルが入ったSDカードを直接挿してパソコンに取り込むこともできます。いずれの場合も、接続したSDカードに保存された動画ファイルをパソコンにコピーすればOKです。

スマホの写真や動画をクラウド上にバックアップしている場合は、クラウド経由でパソコンにダウンロードする方法もあります。

なお、デジタル一眼カメラのビデオ撮影機能を使って撮影した動画は、カメラやSDカードをパソコンに接続したあと、カメラに付属の専用ソフトを用いて汎用フォーマットに変換する必要がある場合があります。使用する機器の説明書を確認して、適切に取り込みましょう。

また、USBケーブルの端子の形状は機器によって異なります。ケーブルが付属していない場合は、機器の仕様を確認の上、正しい規格のUSBケーブルを用意しましょう。

カメラやスマホで撮影した動画をパソコンに取り込む場合は、USBケーブルかSDカードを使うとよいでしょう。

Q 071 投稿後の動画も編集できるの？

 # 動画編集

A YouTube Studioを使えば、投稿後に動画の一部カットやBGMの追加、ぼかし、終了画面の設定が行えます。

YouTube Studioの「エディタ」機能を利用すると、アップロード済みの動画の編集が可能になります。エディタ機能でできる編集内容は、次の4項目です。

- 動画の一部をカットしたり、分割したりする
- オーディオライブラリから音楽を追加する
- ぼかしを適用する
- カードや終了画面に表示する内容を設定する

以上の4つのうちカードや終了画面の設定以外の編集項目は、投稿後に気づいた問題点を修正する意味合いを持っています。
たとえば問題があるシーンを削除したり、自分に使用権がない楽曲を使って申し立てを受けたときに、ライセンスフリーの音声に変更するといった使い方が想定できます。
一方、終了画面の設定については、過去に投稿した動画の終了画面に最新の動画へのリンクを張るなど、別のコンテンツに誘導することができます。
投稿前に編集を完成させるのが基本ですが、あとから気づいたミスは、これらの機能の範囲内で編集ができることを覚えておくとよいでしょう。このように「エディタ」機能を使えば、かんたんな編集作業が可能です。投稿前により複雑な動画編集をする場合は、専用の編集ソフトを活用するのをおすすめします。

● 終了画面の変更

終了画面から次の動画を紹介するのか、チャンネル登録を促す内容にするのかを選択することができます。

● カードの変更

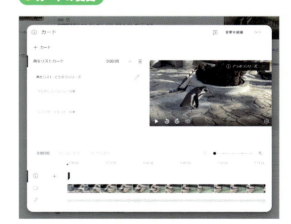

カードにチャンネル登録を促す内容を入れると、チャンネル登録をされる可能性が高まります。

Q 072 動画の編集に専用ソフトは必要？

動画編集

A 文字入れや映像効果を取り入れるなら編集ソフトが必要です。

Q.071で説明したように、YouTube Studioでもかんたんな編集ができます。1本の映像とBGMで完結するような動画であれば、専用ソフトがなくても作れるでしょう。

しかし、タイトルやテロップを挿入して流れにメリハリを付けたいときや、複数のカットを効果的に切り替えるトランジションを追加したい場合など、視聴者の目を引く動画を丁寧に作るなら動画編集ソフトは必須といえます。

これまでは、動画編集ソフトというとプロフェッショナル向けのものが主流でしたが、スマホで誰でも気軽に動画が撮れるようになった近年では、一般向けのアプリの選択肢も増えてきました。どのソフトを使うか迷ったら、お気に入りのYouTuberが使っているソフトを調べてみると参考になるでしょう。なお本書では、有料ソフトではありますが、初心者でもかんたんに動画編集を行える「PowerDirector」を紹介します。

● **PowerDirector**

https://jp.cyberlink.com/products/powerdirector-video-editing-software/overview_ja_JP.html

Q 073 スマホだけで動画編集できる？

動画編集

A 可能ですが、機能や操作性、効率などの点でパソコンには劣ります。

TikTokやInstagramのストーリーズなど、撮ってすぐに公開したい短い動画であれば、撮影から編集、アップロードまですべての工程をスマホだけで完結する人も少なくありません。

一方で、数分から10分程度の動画を作成するとなると、スマホの小さな画面でテキストを追加したり、ビデオクリップを切り貼りしたりといった細かい操作は、かなりの忍耐と労力を要します。すでにパソコンの環境があるなら、大きな画面で編集するほうがストレスも軽減できるでしょう。

なお、スマホ以外のカメラで撮影する場合、編集環境はパソコンが第一の選択肢となります。自分の制作スタイルを考慮して、最適な環境を選びましょう。

● **スマートフォン版PowerDirector**

PowerDirectorのスマートフォン用アプリです。高画質の動画にしたい場合は、スマートフォンが対応していれば4Kでの書き出しも可能です。

動画編集

074 よく使われている動画編集ソフトが知りたい！

A　PowerDirectorをはじめ、FilmoraやAdobe Premiere Proなどがあります。

動画編集ソフトには無料で使用できるものから有料のソフトまでさまざまなものがあります。初心者向けの扱いやすいソフトはもちろん、中にはプロ向けの本格的なソフトまであります。動画編集ソフトを選ぶときの基準としては、「対応OSやパソコンのスペックとの兼ね合い」「撮影で使用するカメラのデータとの互換性」「表現したい編集（テロップやエフェクトなど）ができるか」「動画編集の経験値」「出力したいフォーマットに適しているか」などが挙げられます。動画投稿を始める前に、以上のことはあらかじめ確認しておくとよいでしょう。ここでは、初心者〜中級者向けの動画編集ソフトを中心に紹介します。

● **PowerDirector**

初心者から上級者まで幅広い層に使われていますが、とくに初心者でも使いやすい点が特徴です。公式のチュートリアル動画や素材類も充実しています。有料、対応OSはWindows、Mac。

● **Filmora**

直感的に操作可能で、初心者向けの編集ソフトといえます。そこまで複雑な操作を要せず、プリインストールされている素材も豊富ですが、より高度な編集や映像づくりを行いたい場合には不向きです。有料、対応OSはWindows、Mac。

● **DaVinci Resolve**

高機能な動画編集ソフトで、8K編集、カラーコレクションやオーディオポストプロダクション機能やプロ向けの連携機能などが使用可能です。使用するパソコンは高スペックなものが求められます。動画編集初心者の場合、操作に慣れが必要です。有料、対応OSはWindows、Mac、Linux。

● **Adobe Premiere Pro**

業界シェア率トップの編集ソフトです。映像制作者、編集者をはじめ、本格的にYouTube活動を行っている人などクリエイター向けの内容で、テロップの素材づくりからCG合成作業までできます。Adobe専用のフォントやエフェクトなどが豊富に使える点も魅力です。処理速度などの関係で、使用するパソコンには高スペックなものが求められます。有料、対応OSはWindows、Mac。

● **Final Cut Pro**

Apple製の動画編集ソフトです。直感的な操作で扱いやすい点が特徴です。1,000以上の音楽や効果音などの素材が使えます。動画編集アプリ「iMovie」との互換性も高いため、Macユーザーにおすすめの編集ソフトです。有料、対応OSはMacのみ。

Q 075 動画編集ソフトに動画を取り込みたい！

#動画編集

A 「メディア」で[読み込み]をクリックします。

動画編集ソフトに動画を取り込みたい場合、事前にUSBケーブルやメモリーカードなどで動画ファイルをパソコンに取り込んでおきます。ここでは、動画編集ソフト「PowerDirector」を例に、動画編集ソフトへの動画の取り込み方を紹介します。PowerDirectorを起動したら、[メディア]→[読み込み]→[メディアファイルの読み込み]の順にクリックします。PowerDirectorの「メディアルーム」に動画が読み込まれます。なお、フォルダごと読み込みたいときは、[メディアフォルダーの読み込み]をクリックします。

1 事前にUSBケーブルやメモリーカードなどを使って、動画ファイルをパソコンに取り込んでおきます。

2 PowerDirectorを起動し、[メディア]をクリックして、

3 [読み込み]→[メディアファイルの読み込み]の順にクリックします。

4 エクスプローラーが表示されるので、PowerDirectorに読み込みたい動画ファイルを選択すると読み込まれます。

Q 076 動画の一部を切り取りたい！

#動画編集

A トリミングツールで「開始位置」と「終了位置」を指定します。

動画の撮り始めや撮り終わりなど、ビデオクリップ内に不要な場面があるときは、トリミングを行いましょう。トリミングすることで、必要な場面だけを残すことができます。PowerDirectorではトリミングツールを使い、「開始位置」と「終了位置」を指定するだけで、開始位置以前と終了位置以降を削除可能です。

1 読み込んだ動画をタイムラインにドラッグして追加します。

2 タイムライン上のビデオクリップを選択して、

3 タイムライン左上の をクリックします。

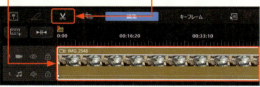

4 トリミングツールが表示されます。プレビュー再生し、トリミング開始位置で一時停止して、 をクリックすると、開始位置が指定されます。

5 同様の手順で をクリックすると、終了位置が指定されます。

6 [トリミング]をクリックすると、トリミングツールが終了し、ビデオクリップの開始位置以前と終了位置以降が削除されます。

Q 077 動画のある場面をくり返したい！

動画編集

A ビデオクリップをコピー&ペーストします。

動画のあるシーンをくり返したい場合は、タイムライン上に動画を配置したあと、ビデオクリップをコピーしてペーストします。コピー&ペーストはクリップをクリックして選択したうえで、メニューバーの［編集］をクリックして［コピー］または［貼り付け］をクリックします。Ctrl+C（コピー）、Ctrl+V（ペースト）を押すことでも同様の操作が可能です。

1 読み込んだ動画をタイムラインにドラッグして追加します。

2 タイムライン上のビデオクリップを選択して、

3 ［編集］をクリックし、

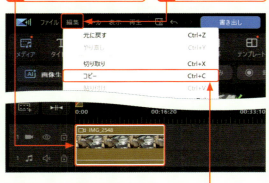

4 ［コピー］をクリックします。

5 （タイムラインスライダー）をペーストしたい位置までドラッグし、［編集］をクリックして、

6 ［貼り付け］→［貼り付けて上書きする］の順にクリックします。

Q 078 場面ごとに再生順を入れ替えたい！

動画編集

A ドラッグ&ドロップでビデオクリップの再生順を並べ替えられます。

タイムライン上に配置したビデオクリップは、ドラッグ&ドロップで再生する順番を並び替えることができます。また、ビデオクリップが重なるように移動させた場合、移動後の動作を指定することも可能です。動画内で起きた出来事を時系列順に並べ替えるのは、動画編集の基本ともいえます。動画がわかりやすい内容になるよう、各場面を必要に応じて並べ替えてみましょう。

1 読み込んだ動画をタイムラインにドラッグして追加します。なお、を分割したい位置までドラッグし、タイムライン左上のをクリックすると、ビデオクリップを分割できます。

2 タイムライン上の左にあるビデオクリップを選択して、

3 隣のクリップよりも右にドラッグ&ドロップします。

4 ビデオクリップを移動したことで空いたスペースを右クリックし、

5 ［削除して削除した間隔以降のすべてのタイムラインクリップを移動する］をクリックします。

Q 079 不要な場面を削りたい！

\# 動画編集

A 不要な「間」を削ってテンポよく見せる「ジャンプカット」がおすすめです。

動画を作り始めたばかりのときは、台本を作って練習していても、カメラの前ではトークが間延びしてしまったり、微妙な「間」ができてしまったりするものです。もちろん、効果的な「間」も存在しますが、不要な「間」は見る人を退屈させてしまいます。

「ジャンプカット」は、不要な場面をザクザク削っ て、動画をテンポよく見せるテクニックです。たとえば、トーク中の不要な空白をどんどんカットしてつなげ直します。そのとき、別アングルのカットやズームを加えることで、畳み掛けるようなトークを演出できます。

また、場面をカットしているため、再生時間を短縮できるというメリットもあります。

1 タイムライン上のビデオクリップを選択して、

2 をクリックします。

3 Q.076の方法、またはスライダーをドラッグして、不要な部分をトリミングします。

4 プレビューで確認して問題なければ、[トリミング]をクリックします。

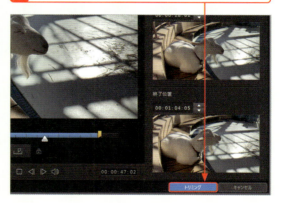

「マルチトリミング」では、動画のサムネイルを見ながらトリミングが行えます。選択している範囲だけ削除したり、選択していない範囲を削除したりできるので、効率よく作業が行えます。

Q 080 | 動画にタイトルを表示したい！

#タイトル・テロップ・ロゴ

A タイトルのテンプレートを
タイムラインに追加します。

動画の編集用ソフトには、タイトルやテキストのテンプレート一覧（PowerDirectorでは「タイトルルーム」）が用意されています。イメージに近いテンプレートのサムネールをタイムラインにドラッグし、プレビュー画面でタイトルを書き換えます。テキスト編集モードで、フォントの種類やサイズ、色などを設定し、必要に応じてアニメーションなどの効果を追加します。

1 ［タイトル］をクリックして、

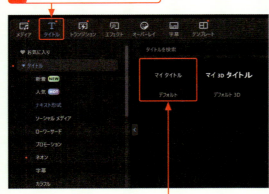

2 使いたいテンプレート（ここでは［デフォルト］）を選択します。

3 タイトルの文章を入力します。

Q 081 | 効果的なテロップの入れ方を知りたい！

#タイトル・テロップ・ロゴ

A インパクトのあるテロップは、
タイトルテンプレートから作ります。

バラエティー番組のような動的なテロップを入れたい場合は、「タイトルルーム」のテンプレートやエフェクトを利用するとよいでしょう（Q.080参照）。

1 ［タイトル］をクリックして、

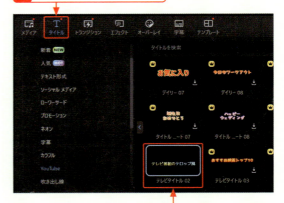

2 使いたいテンプレート（ここでは［テレビタイトル02］）を選択します。

3 テロップの文章を入力します。

PowerDirectorには、字幕を作成するための「字幕ルーム」機能も用意されています。字幕ルームは、画面下部に表示する説明のような静的なテキストに適しています。手順**1**の画面で［字幕］をクリックすると、字幕ルームが表示されます。

タイトル・テロップ・ロゴ

082 タイトルやテロップのフォントを変更したい！

A フォントをインストールすることで「タイトル詳細編集」画面から変更できます。

フォントには、明朝体やゴシック体などさまざまな種類があります。YouTube動画においては、タイトルやテロップのフォントは当時のニーズや流行によって影響を受けやすく、動画そのものの印象を左右します。そのため、作りたい動画の雰囲気に合ったフォントをインストールしておくのがおすすめです。フォントは、インターネット上で無料で入手できるものもあれば、有料のものもあります。フォントをインストールすると、PowerDirectorの「タイトルルーム」や「字幕ルーム」で使用できるようになります。ここでは、「Google Fonts」で無料公開されているフォントのインストール方法を紹介します。

1 Webブラウザを起動し、URL欄に「https://fonts.google.com/noto/specimen/Noto+Sans+JP」と入力してアクセスします。

2 [Get font]→[Download all]の順にクリックします。

↓

3 [ファイルを開く]をクリックしたら、ダウンロードしたファイルを展開します。

↓

4 展開したファイル内の[static]をダブルクリックし、

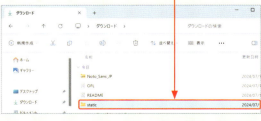

5 任意の「ttf」ファイル（ここでは「NotoSansJP-Bold」）を右クリックして、

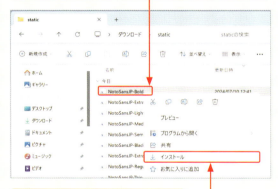

6 [インストール]をクリックします。

● インストールしたフォントを選択する

PowerDirectorを起動（開いていた場合は再起動）し、「タイトル詳細編集」画面を表示し（Q.083参照）、フォントのプルダウンメニューをクリックすると、インストールしたフォントを選択できるようになっています。

71

Q 083 タイトルのデザインを変えたい！

#タイトル・テロップ・ロゴ

A 「タイトル詳細編集」でグラデーション加工などができます。

PowerDirectorでは「タイトル詳細編集」画面で、タイトルのデザインを変更できます。「タイトル詳細編集」画面を表示するには、「タイトルルーム」右上にある■→[2Dタイトル]の順にクリックします。タイムライン上に配置したタイトルクリップを選択し、タイムライン上部にある■→[タイトル詳細編集]の順にクリックすることでも表示可能です。

1 Q.080を参考に「タイトルルーム」を表示し、■をクリックして、

2 [2Dタイトル]をクリックします。

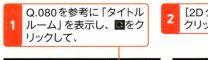
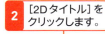

3 「タイトル詳細編集」画面が表示されます。任意のフォントを設定します。

4 「フォントカラー」で「グラデーションカラー」に変更し、

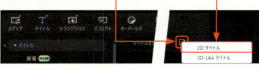

5 「グラデーションの分岐」の左右のカラーをダブルクリックするとグラデーション加工ができます。

6 設定を終えたら[OK]をクリックします。

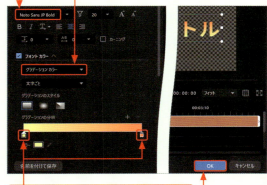

Q 084 タイトルの表示時間や表示位置を変えたい！

#タイトル・テロップ・ロゴ

A 「所要時間」を設定したり、ドラッグして表示位置を変えたりできます。

完成タイトルの表示時間を変更したいときは、タイムライン上に配置したタイトルクリップを選択し、右クリックして[所要時間]をクリックすると、表示時間を設定できます。表示位置を変更したい場合は、Q.083を参考に「タイトル詳細編集」画面を開き、プレビュー画面でタイトル枠にマウスポインターを合わせてドラッグし、移動します。位置を移動したら[OK]をクリックします。

1 表示時間を変更したいタイトルクリップを選択し、

2 右クリックして、[所要時間]をクリックします。

3 表示時間を設定し、

4 [OK]をクリックすると、表示時間が変更されます。

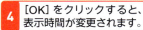

Q ≠ タイトル・テロップ・ロゴ

085 タイトルにアニメーションを付けたい！

A 「キーフレーム」機能を使います。

タイトルを動かすには「キーフレーム」機能を使います。キーフレームとは時間経過により、サイズや位置などのパラメーターを変更できる機能です。ここでは、タイトルが移動するアニメーションを作成する例を紹介します。なお、手順9で設定する「イーズイン」とは、キーフレームアニメーションに緩急を付ける機能の1つです。

1 Q.083を参考に、「タイトル詳細編集」画面を表示します。

2 「タイトル詳細編集」画面のタイムラインにある■を左端（始点）までドラッグし、「位置」の◆をクリックします。

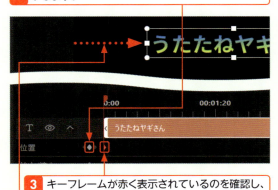

3 キーフレームが赤く表示されているのを確認し、

4 タイトルをドラッグしてアニメーションし始める位置に移動します。

5 ■をドラッグして、タイムラインコードが「00:00:01:00」の位置まで移動し、

6 「位置」の◆をクリックします。

7 手順6で選択したキーフレームが赤く表示されているのを確認し、

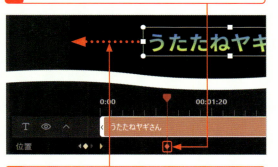

8 タイトルをドラッグしてアニメーションが終了する位置に移動します。

9 「位置/サイズ」で「イーズイン」にチェックを付け、バーをドラッグして「1.00」に設定します。

10 プレビュー画面のタイムラインスライダーを0秒まで戻し、

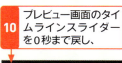

11 ▶をクリックすると、アニメーションを確認できます。

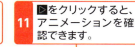

Q 086 テロップのフォントや色を変えたい！

A 「字幕テキスト形式の変更」からフォントや色を変更できます。

字幕を追加すると、「字幕ルーム」で字幕テキストの変更が可能です。[字幕]をクリックすると、字幕リストが表示されるので、編集したい字幕を選択し、■をクリックします。「文字」画面が表示されるので、フォントやスタイル、サイズ、カラーなど任意の設定を行い、[OK]をクリックします。

1 [字幕]をクリックし、

2 編集したい字幕テキストの左側をクリックして選択し、

3 ■をクリックします。

4 「フォント」「スタイル」「サイズ」などを設定します。

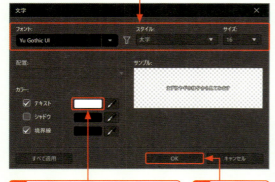

5 色を変更したい場合は、「カラー」にある「テキスト」のカラー（初期設定では白色）をクリックすると、「カラー」画面が表示されるので、任意の色を選択します。

6 [OK]をクリックすると字幕テキストが変更されます。

Q 087 テロップの表示時間や表示位置を変えたい！

A 「所要時間」を設定したり、「字幕位置の調整」で表示位置を変えたりできます。

テロップ・字幕の表示時間を変更したいときは、タイムライン上に配置した字幕クリップを選択し、右クリックして[所要時間]をクリックすると、表示時間を設定できます。表示位置を変更したい場合は、Q.086を参考に「字幕ルーム」を開き、表示位置を変更したい字幕テキストを選択して、■をクリックします。「位置」画面が表示されるので、「X位置」と「Y位置」の数値をドラッグして調整します。

1 表示時間を変更したい字幕クリップを選択し、

2 右クリックして、[所要時間]をクリックします。

3 表示時間を設定し、

4 [OK]をクリックすると表示時間が変更されます。

Q ＃タイトル・テロップ・ロゴ

088 ワイプを追加したい！

 「オーバーレイルーム」から設定できます。

主にテレビ番組で画面の四隅（右下や左下など）に人物の映像や画像を配置する「ワイプ」を作成するには、「オーバーレイルーム」から行います。あらかじめ、ワイプ用に合成する映像・画像などを準備しておきましょう。ワイプ用画像や映像の調整は、「オーバーレイ詳細編集」画面から可能です。

1 ［オーバーレイ］をクリックし、

2 「オーバーレイルーム」右上にあるをクリックします。

↓

3 ［2Dステッカー］をクリックしたら、ワイプとして配置したい画像を選択します。

↓

4 「オーバーレイ詳細編集」画面が表示されるので、画像（2Dステッカー）の大きさや位置を調整し、

5 ［OK］をクリックします。

6 任意の名前を入力し、

7 ［OK］をクリックします。

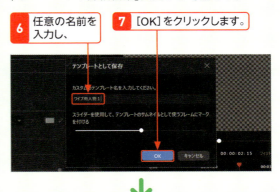

↓

8 作成した画像（2Dステッカー）を選択し、

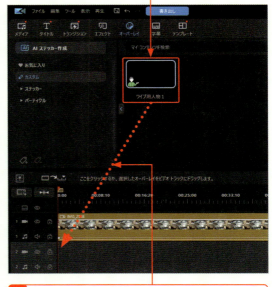

9 タイムライン上の任意のビデオトラックにドラッグ＆ドロップすると、2Dクリップとしてタイムラインに配置されます。

75

= タイトル・テロップ・ロゴ

Q 089 | 動画にチャンネルのロゴを配置したい!

A ロゴ画像を読み込んで、画像クリップとして配置します。

動画にロゴや写真などの画像を配置するには、あらかじめ「メディアルーム」に画像データを読み込んでおきます（Q.075参照）。なお、画像には音声がないため、画像クリップはビデオトラックに配置して使います。

1 Q.075を参考にあらかじめ用意しておいたロゴ画像などを「メディアルーム」に読み込み、タイムライン上の「ビデオトラック2」に配置します。

2 画像クリップを選択して、

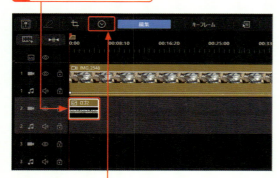

3 をクリックします。

4 表示時間を設定し、

5 [OK]をクリックすると、ロゴ画像が配置されます。

= タイトル・テロップ・ロゴ

Q 090 | 配置したロゴを編集したい!

A 「オーバーレイ詳細編集」画面から編集できます。

配置した画像クリップを編集したいときは、タイムライン上の画像クリップを選択し、をクリックします。「オーバーレイ詳細編集」画面が表示されるので、サイズの変更や表示位置の変更などが可能です。必要に応じて調整するとよいでしょう。

1 タイムライン上の画像クリップを選択し、

2 をクリックします。

3 [オーバーレイ詳細編集]をクリックします。

4 「オーバーレイ詳細編集」画面が表示されます。

5 画像のサイズや位置などを調整し、[OK]をクリックします。

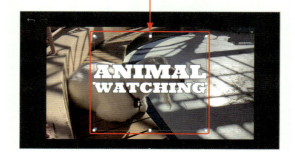

Q 091 動画の明るさを調整したい！

\# 補正・効果

A ビデオクリップを選択して、[明るさ調整]をクリックします。

動画の明るさは、「明るさ」のほか「露出」や「輝度」「シャドー」「ハイライト」など、映像の撮影状況に合わせて調整します。ここでは動画編集ソフト「PowerDirector」を例に、明るさを調整する手順を紹介します。なお、調整方法はソフトによって異なりますが、ほとんどのアプリには明るさを調整する機能がついています。書籍などを参考に、学習しましょう。

1 読み込んだ動画をタイムラインにドラッグして追加します。

2 タイムライン上のビデオクリップを選択して、

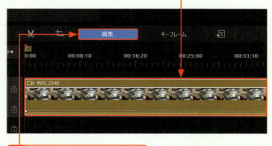

3 [編集]をクリックします。

4 [カラー]をクリックして、 **5** [明るさ調整]をクリックし、

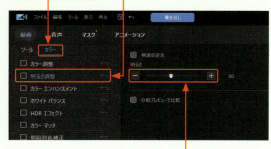

6 スライダーをドラッグして明るさを調整します。

Q 092 動画の色合いを調整したい！

\# 補正・効果

A ビデオクリップを選択して、[色調整]をクリックします。

動画の色合いは、「色相」「彩度」「ホワイトバランス」などで調整します。それぞれ、色味や鮮やかさ、色温度に対応します。たとえば、少し色褪せたレトロ調にしたいときは、彩度を下げて調整します。黄味を強くして暖かみを出したいときは、ホワイトバランスで調整します。

1 読み込んだ動画をタイムラインにドラッグして追加します。

2 タイムライン上のビデオクリップを選択して、

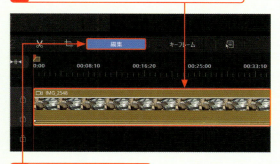

3 [編集]をクリックします。

4 [カラー]をクリックして、 **5** [カラー調整]をクリックし、

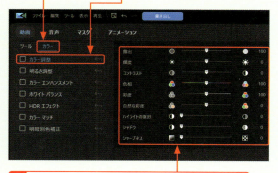

6 スライダーをドラッグして色合いを調整します。

Q 093 動画のブレを補正したい！

A 撮影時の手ブレは、編集で修正できます。

撮影時の手ブレが気になる場合は、編集で補正することができます。ビデオスタビライザーの機能を使うと、自動で補正してくれます。

1 補正したいビデオクリップを選択し、

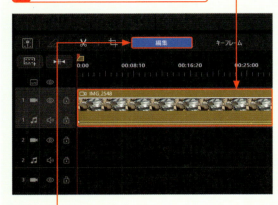

2 [編集] をクリックします。

3 [ツール] をクリックし、
4 [ビデオスタビライザー（手ぶれ補正）] をクリックして、

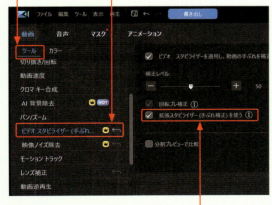

5 [拡張スタビライザー（手ぶれ補正）を使う] をクリックしてチェックを付けます。

Q 094 特殊効果を追加したい！

A 「エフェクトルーム」からエフェクトを追加できます。

PowerDirectorでは、「エフェクトルーム」からエフェクトを追加し、映像に特殊効果を加えることができます。たとえば、動画に白黒やセピア調の特殊効果を加えることで、古い映像に近いレトロな雰囲気を演出することも可能です。なお、PowerDirectorの「エフェクトルーム」には約300種類の特殊効果が用意されていますが、上位のパッケージ（およびサブスクリプション）になるほど、より多くの種類のエフェクトを使用できます。

1 読み込んだ動画をタイムラインにドラッグして追加します。

2 [エフェクト] をクリックし、
3 使いたいエフェクト（ここでは [セピア]）を選択します。

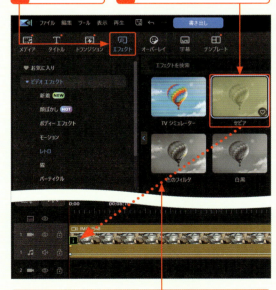

4 ビデオクリップにドラッグ&ドロップすると、特殊効果が追加されます。特殊効果を追加したクリップを選択し、[エフェクト] をクリックすると「エフェクトの設定」画面が表示されるので、必要に応じて設定を変更します。

Q ｜ ＃補正・効果

095 ｜ 切り替え効果で動画のつなぎ目をカッコよくしたい！

A クリップとクリップの間にトランジションを挿入します。

動画編集の基本は、ビデオクリップをつなぎ合わせる作業です。複数のシーンを効果的に並べたり、動画の不要な部分をカットしてテンポよくつなぎ直したりすることで、視聴者を飽きさせない動画に仕上げていきます。

そのとき、ビデオクリップをただ並べただけでは、突然シーンが変わって細切れの印象になってしまうことがあります。

そこで使用するのが「トランジション」です。トランジションは、前のクリップから別のクリップに移行するタイミングで挿入する切り替え効果で、動画編集ソフトには多彩なトランジションのテンプレートが用意されています。

クロスオーバーでシーンの切り替えをスムーズにしたり、ブラックアウトで場面転換を際立たせたりといった効果が期待できます。

1 [トランジション]をクリックすると、

2 トランジションの一覧が表示されます。

3 エフェクトの種類（ここでは[一般]）をクリックします。

4 使いたいトランジション（ここでは[スライド]）をクリップの切り替え位置にドロップ&ドロップします。

5 動画にトランジションが追加されます。

Q 096 効果音やBGMを追加したい！ = BGM

A 動画編集ソフトの素材や音楽データを読み込んで使用します。

PowerDirectorでは、素材として効果音やBGMが用意されており、ダウンロードしてタイムラインのオーディオトラックに追加できます。また、Q.075を参考に、あらかじめ「メディアルーム」に音楽データを読み込んでおき、オーディオトラックにオーディオクリップとして配置することでも追加可能です。

1 あらかじめ動画にテロップなどを追加し、効果音を追加したい場面を作成しておきます。

2 効果音を追加したい位置に をドラッグして移動し、

3 「オーディオトラック2」を選択します。

⬇

4 [メディア]→[効果音]の順にクリックし、使いたい効果音をダウンロードします。

5 をクリックすると、手順**2**で指定した位置にオーディオクリップとして追加されます。

Q 097 版権フリーの効果音やBGMを使いたい！ = BGM

A ソフトの付属音源のほか、素材サイトやYouTube Studioで探せます。

自分が権利を持たない市販の音楽CDや配信されている楽曲を、無断で動画に使うことはできません。効果音やBGMを入れたい場合は、自作するか、版権フリーの音源素材を利用します。

版権フリーの音源は、素材サイトから入手できるほか、YouTube Studioの「オーディオライブラリ」からも利用できます。また、編集ソフトに用意された音源を使う方法もあります。

ただし、フリー素材であっても商用利用を制限している音源については、収益化を目的とした動画に使用できるかどうかを確認する必要があります。

● **DOVA-SYNDROME（フリー音源素材）**

フリーBGM DOVA-SYNDROME
https://dova-s.jp/

● **YouTube Studio「オーディオライブラリ」**

BGM

098 | 効果音やBGMの長さを調整したい！

A オーディオクリップをトリミングして、長さを調節しましょう。

オーディオクリップは、長さを調整したり、不必要な箇所を削除したりできます（トリミング）。動画の内容や尺などに合わせて、効果音やBGMの長さを設定するとよいでしょう。オーディオクリップをトリミングするには、タイムラインでトリミングしたいオーディオクリップを選択し、■をクリックして、「音声のトリミング」画面から行えるほか、タイムラインマーカーを使ってトリミングの開始位置と終了位置を設定することもできます。

1 ビデオクリップを選択し、プレビュー画面でBGMを挿入したい位置まで再生して一時停止したら、

2 ■を右クリックして、

3 [タイムラインマーカーの追加]をクリックします。

4 をダブルクリックし、

5 タイムラインマーカーに任意の名前を設定したら、

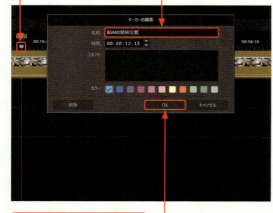

6 [OK]をクリックします。

7 オーディオクリップを手順**2**で追加したタイムラインマーカーの位置にドラッグして配置します。

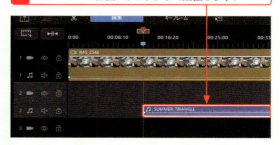

8 手順**1**〜**5**を参考に、終了位置のタイムラインマーカーも設定します。

9 オーディオクリップを選択し、手順**8**で設定した終了位置までドラッグすると、

10 オーディオクリップの長さが調節されます。

Q 099 ナレーションを追加したい！

BGM

A 外部マイクまたは内蔵マイクを使って録音します。

ナレーションも動画編集ソフトで追加することができます。パソコンの内蔵マイクを利用できますが、音質にこだわるなら外部マイクを用意するとよいでしょう。ナレーションは、動画のプレビューを見ながらタイミングを合わせて録音できます。録音したナレーションが気に入らない、間違えてしまったという場合は、何度でもやり直しができます。

● 動画編集ソフトでナレーションを追加する

Q 100 動画全体の音量がバラバラだ！

BGM

A トラックやクリップごとに音量を調整しましょう。

異なる日に撮影したり、複数の場所に分けて撮影したりした場合、それぞれの動画の音量が異なることがあります。
そのような場合はいったん動画をつないだあとで、トラック全体の音量を調整します。PowerDirectorでは、「音声ミキシングルーム」でトラック全体またはクリップごとの音量の調整を行います。

1 ■をクリックして、

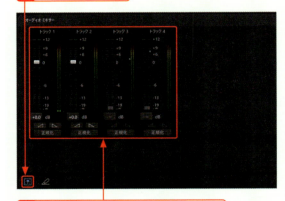

2 「音声ミキシングルーム」を表示します。

↓

3 スライダーを上下にドラッグして、音量を調節します。

Q 101 | VTuberって何？

#VTuber

A 2Dや3Dのアバターを用いてYouTubeで活動を行う「バーチャルYouTuber」のことです。

「VTuber」とは、2Dや3Dなど架空のキャラクターのイラスト、アバターを用いて、YouTubeで動画投稿や動画配信などの活動を行うYouTuberのことです。バーチャルYouTuberともいわれます。動画の内容としては、雑談やゲーム実況、歌、朗読、ハウツー、作品紹介など多岐にわたり、配信スタイルもVTuberによってさまざまです。多くのVTuberは、3Dアバターを使用し、配信者の動きに合わせてキャラクターが笑顔を浮かべたり、まばたきしたりと、実際にそこにキャラクターがいるかのような臨場感を演出しています。個人で活動している人はもちろん、企業や地方自治体がVTuberを運営しているケースも少なくなく、自社コンテンツとしたり、自治体のPRのために活用したりしています。また最近では、かんたんにキャラクターのアバターを作成できるアプリも登場しており、より身近なものになりつつあります。

● 企業や自治体が運営するVTuberもある

岩手県公認VTuber「岩手さちこ」。YouTubeをはじめ、XやInstagramなどSNSから情報を得る若年層向けに岩手県の取り組みや魅力などを発信しています。岩手ファンの拡大や関係人口の創出につなげることを目的としています。

Q 102 | VTuberになるには？

#VTuber

A 個人で始める方法と、事務所に所属する方法があります。

VTuberは自分の顔を出す必要がないため、容姿や年齢、性別などを気にすることなく、誰でも自由に活動できる点が魅力です。近年、VTuberの人気も高まりを見せており、「VTuberになりたい」「VTuberとして配信活動をやってみたい」という人も増加傾向にあります。

VTuberとして活動する方法は、大きく分けて2つあります。1つは個人でキャラクターを作成し、動画を投稿・配信する方法です。独学でVTuberについての知識や技術を身につけて、必要な機材などもすべて自分が用意しなければなりませんが、活動が軌道に乗り、収益化できた場合は大きな利益となります。

もう1つが、VTuber事務所に所属する方法です。たとえば、女性VTuberグループ「ホロライブ」が所属する「ホロライブプロダクション」や、バーチャルライバーグループ「にじさんじ」を運営する「ANYCOLOR株式会社」などが大手VTuber事務所として挙げられます。各事務所が開催しているオーディションに応募し、合格すると、事務所のサポートやバックアップのもとVTuberとして活動を始められます。ただし、サポートの範囲や収益化した場合の分配割合などは、契約の際によく確認する必要があります。

● VTuberになる方法とメリット・デメリット

	メリット	デメリット
個人で始める	・収益はすべて自分のものにできる ・動画の内容や投稿、配信時間などを好きに決められる	・必要な知識や技術の習得、機材などの準備は、すべて1人で行わなければならない
事務所に所属する	・事務所のサポートやバックアップを得られる ・企業案件を受けやすい	・Vtuberの活動に関して、事務所の方針に従う必要がある ・収益は事務所との分配になる

83

Q ≡ VTuber

103 VTuberの制作に必要なものって何？

**A 撮影と配信に必要な機材を揃えましょう。
パソコンとモーションキャプチャーソフトは必須です。**

本格的にVTuberとして活動を始める場合、パソコンや動画編集・配信ソフトはもちろんのこと、2D・3Dのアバターを動かすためのモーションキャプチャーソフトやアニメーションソフトが必須になります。ほかにもマイクやWebカメラ、ヘッドセットなどを揃えておくとよいでしょう。

VTuber動画では、キャラクターを動かすソフトを用いることになるため、パソコンにもある程度のスペックが求められます。動かすアバターが2Dキャラクターか、3Dキャラクターかによっても推奨スペックが異なるので、自分がどちらのアバターを動かすか決め、それらと合わせて検討しましょう。ただし、推奨スペックといえど、実際快適に動作するかはわからないうえ、パソコンはメインの機材となるため、予算に余裕がある限りは、より高いほうのスペックを選ぶのがおすすめです。

次に重要になるのがマイクやWebカメラです。マイクは、クリアな音質で録音できるコンデンサーマイクが好んで使われています。USB接続できるものかどうかも確認ポイントです。また、自分の動画投稿や配信スタイルに合わせて、マイクスタンドやポップガード（息のノイズがマイクに入るのを防止するためのアイテム）などのマイク周りの機器を揃えるのもよいでしょう。Webカメラは、人物を写すためでなく、トラッキング機能でアバターを動かしたい場合に必要です。ほかの機材に比べると、それほど画質にこだわらなくてもよいものにはなりますが、VTuber動画をどのように制作していくかに合わせてこちらも検討しましょう。

パソコン
アバター（キャラクター）を動かすには、ある程度スペックが高いパソコンが必要です。

モーションキャプチャー／アニメーションソフト
3Dアバターの場合はモーションキャプチャーソフト、2Dアバターの場合はアニメーションソフトが使われるのが一般的です。VR機材を使うことでかんたんに全身のモーションキャプチャーを行う方法もあります。

マイク
おすすめのコンデンサーマイクは、低域から高域まで集音可能な周波数の幅が広く、些細な音も集音できる感度の高さが魅力です。

Webカメラ
必須ではありませんが、表情を動かすフェイストラッキングを行いたい場合に必要です。

Q 104 | 個人でVTuberを始めるときの流れを知りたい！

A 必要な機材などを揃え、動画を撮影します。

Q.103を参考に、VTuber動画を制作するうえで必要になりそうな機材を揃えます。その際、肝心のアバター（キャラクター）を動かす方法にも関係するため、2Dアバターと3Dアバターのどちらを使う予定なのかも含めて準備を進めましょう。機材が揃ったら、自分のアバター（キャラクター）を作成します。次に、どのような動画を撮るか、企画を立てます。商品紹介やゲーム実況をはじめ、「歌ってみた」や「○○をやってみた」、雑談や悩み相談など、自分がやってみたい内容で検討するとよいでしょう。動画の企画が固まったら、必要なものを準備して、実際の撮影を行います。撮影した動画を、動画編集ソフトなどで編集し、YouTubeに動画を投稿（配信）します（第4章参照）。

● VTuberを始めるときのおおまかな流れ

❶ 必要な機材を揃える

⬇

❷ アバター（キャラクター）を作成する

⬇

❸ 動画の企画を考える

⬇

❹ 動画を撮影する

⬇

❺ 動画を編集する

⬇

❻ 動画を投稿（配信）する

Q 105 | アバター（キャラクター）を作成したい！

A ソフトやアプリを使用して、1からキャラクターデザインを考えて作ります。

アバター（キャラクター）を自分で作成する場合、専用のソフトやアプリを使います。作り方によって、さまざまなソフトがあるので、自分に合ったものを選択するとよいでしょう。なお、VTuber活動で使用するのが2Dアバターか3Dアバターかによって、作成方法は異なります。2Dアバターは、平面のイラストキャラクターです。2Dアバター用のイラストを作成する場合には、「CLIP STUDIO PAINT」や「Procreate」などで正面を向いているイラストを描きます。イラストが完成したら出力し、専用のソフトで表情や動作、髪や服の動きなどの設定を行います。

3Dアバターは2Dアバターと異なり、より立体感や奥行きのあるキャラクターにできます。3DCG制作ソフトや3Dアバター制作ソフトなどを用いて、髪や肌などのテクスチャ（質感）のような細かい設定まで可能です。また正面からの見え方だけでなく、多方面からのアングルやキャラクターの奥行きなども確認しながら調整します。

どちらのアバター（キャラクター）を作成する際にも、最初に見た目のイメージや名前、性格、背景ストーリー、話し方などについて、オリジナリティ溢れる魅力的な設定を考えておき、実際のデザインに反映させていくのがおすすめです。

● 2Dアバターを作成する

1. キャラクターのイメージや設定などを考える
2. キャラクターのイラストラフを作成する
3. イラストを清書する
4. イラストを出力し、専用ソフトでモデリングやアニメーション設定を行う

● 3Dアバターを作成する

1. キャラクターのイメージや設定などを考える
2. キャラクターのイラストラフを作成する
3. モデリングを行う
4. アニメーション設定を行う

Q106 アバター（キャラクター）が自分で作れないんだけど…

A モデルを購入したり、外部に依頼したりする方法があります。

「自分でイラストを描くのが難しい」「3DCG制作ソフトを扱えない」のように、自分で1からアバター（キャラクター）を作成できない場合は、モデルを購入するか、外部に依頼して作成してもらう方法などがあります。モデルを購入する場合は、すでに完成しているアバター（キャラクター）のデータを、明確な価格ですぐに使うことができます。

一方、外部に依頼する場合、まずはVTuberアバターの制作を手掛ける会社やフリーランスのクリエイターを探すことになります。依頼先が決定したら、どのようなキャラクターなのか、見た目のイメージや名前、性格、背景ストーリーなど詳細な設定・コンセプトなどを伝え、キャラクターデザインからアバター作成・モデリングなどをしてもらいます。こちらは依頼先が制作会社か個人かによって異なります。個人であってもイラストレーターさんの知名度や、依頼するキャラクターのデザイン・パーツの密度といった条件によって費用も大きく変わってくるため、事前の相談や見積もり時の確認が必要です。

「nizima」（https://nizima.com/）では、イラストやLive2Dモデルのデータを購入できます。

フリーランスのクリエイターが集まる「ココナラ」では、2D・3Dモデルのキャラクターデザインやイラスト作成、モデリングなどを必要な工程に応じて依頼することも可能です。

Q107 スマホだけでVTuberになれる？

A VTuber動画が撮影できるアプリを活用します。

アプリを利用することで、個人でも大掛かりな準備をすることなく、スマホ1台でVTuber動画を撮影可能です。ここでは、スマートフォン向けのVTuber動画アプリを紹介します。なお、アプリによってできる内容や配信できるプラットフォーム、作成できるキャラクターは異なります。事前に自分が撮りたい内容に合致しているか確かめてから、利用を開始しましょう。

● IRIAM

イラスト1枚から誰でもキャラライブができるアプリです。イラスト配信やラジオ配信などができます。

● Mirrativ

スマホ画面を生配信できるアプリです。「エモモ」というアバター機能で、顔を出さずに配信可能です。

● REALITY

自分好みのアバターを作成し、ライブ視聴・配信ができるアプリです。

第**4**章

世界に向けて発信！動画の投稿技

108 ▸▸ 112	投稿準備
113 ▸▸ 121	YouTube Studio
122 ▸▸ 125	公開設定
126 ▸▸ 136	詳細設定
137 ▸▸ 139	動画エディタ
140	動画削除

Q 108 動画の投稿に必要なものって何？

＃投稿準備

A パソコンと安定したインターネット環境、そしてGoogleアカウントとYouTubeチャンネルです。

動画の投稿はスマートフォンからもできますが、パソコンで動画を編集する場合やファイルサイズが大きな動画は、やはりパソコンからアップロードするのがベストです。動画の投稿では大きなファイルを扱うため、インターネット環境も重要です。不安定な回線やWi-Fiルーターの電波が届きづらい環境下では、アップロードに失敗するケースもあるからです。また、スマートフォンやモバイルルーターなどのモバイル回線を使用すると、契約しているプランの上限を使い切ってしまう可能性もあります。光回線など、安定したインターネット環境を整えておきましょう。

動画をアップロードする環境が整ったら、アップロード先の準備をしましょう。YouTubeのアカウントを開設するには、まずGoogleアカウントを取得する必要があります。その上で、Googleアカウントを使ってYouTubeにログインします。
次に、YouTubeチャンネルを登録します。YouTubeにログインしてそのままYouTubeチャンネルを作成すると、Googleの個人アカウントの情報が引き継がれます。個人アカウントと切り離したい場合は、ブランドアカウントを作成するとよいでしょう。なお、チャンネルの作成方法は、Q.016を参照してください。

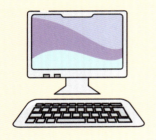

パソコン
動画ファイルの取り込みや編集、アップロードまで、パソコンがあると便利です。

Googleアカウント
YouTubeで動画を投稿するには、最初にGoogleアカウントを取得しておく必要があります。

安定したインターネット環境
大きなサイズの動画ファイルのアップロードには、安定したインターネット環境が重要です。

YouTubeチャンネル
動画の投稿や管理には、YouTubeチャンネルを作成する必要があります。

Q 109 YouTube Studioって何？

A YouTubeチャンネルの管理やデータ解析などを行うツールです。

YouTube Studioでは、YouTubeチャンネルにアップロードした動画やライブ配信の確認、再生リストの作成、字幕の追加などの管理を行うほか、YouTubeアナリティクスを用いて、チャンネルや各動画のパフォーマンスを調べることができます。チャンネルや動画の管理、マーケティングツールとして活用したいサービスです。

● チャンネルのダッシュボード

● YouTube Studioの各種メニュー

Q 110 YouTube Studioを表示したい！

A パソコンではWebブラウザで表示します。

スマートフォンでは、専用の「YouTube Studio」アプリをインストールします。パソコンでは、Webブラウザからアクセスします。YouTubeチャンネルにログインした状態でアカウントのアイコンをクリックし、表示されたメニューから「YouTube Studio」を選択します。

あらかじめYouTubeチャンネルにログインしておきます（Q.009参照）。

1 アカウントアイコンをクリックして、

2 [YouTube Studio]をクリックすると、

3 YouTube Studioのダッシュボードが表示されます。

Q 111 動画を投稿したい！

 # 投稿準備

A 画面右上の［作成］から［動画をアップロード］をクリックします。

動画を投稿するには、YouTube Studio画面右上の［作成］をクリックし、表示されたメニューから［動画をアップロード］をクリックします。「動画のアップロード」ウインドウが表示されるので、動画ファイルをドラッグ＆ドロップするか、［ファイルを選択］をクリックして投稿したい動画ファイルを選択します。なお、一度にアップロードできるファイル数は、最大15本となっています。
動画ファイルのアップロードが完了したら、YouTube Studioの画面が表示されます。YouTube Studioでは、タイトルや説明文など動画の基本情報を入力するほか、詳細設定や収益化の方法など、動画を公開する前に必要な各種設定を行います。設定が完了したら、最後にプライバシーや公開のスケジュールなどの設定を行えば、あとは公開を待つだけです。なお、公開日時を指定したい場合は、手順6の画面で下方向にスクロールし、［スケジュールを設定］をクリックして、任意の日時を設定したら、最後に画面右下の［スケジュールを設定］をクリックします。動画は公開日まで非公開になります。

1 ［作成］をクリックし、

2 ［動画をアップロード］をクリックします。

3 動画ファイルをドラッグ＆ドロップ、または選択してアップロードします。

4 タイトルや説明、サムネイルなど動画の設定をして、

5 ［次へ］をクリックし、画面の指示に従って進めます。

6 公開設定では、［非公開］［限定公開］［公開］のいずれかをクリックしてチェックを付けます。

7 ［保存］（または［公開］）をクリックします。

Q 112 投稿できる動画のファイル形式が知りたい！

投稿準備

A さまざまな形式に対応していますが、推奨形式は「MP4」です。

YouTubeにアップロードできる動画のファイル形式は、下記の通りです。このうち、YouTubeが推奨するファイル形式は「MP4（H.264）」です。特別な理由がない限り、投稿用の動画はMP4形式で書き出すようにしましょう。

なお、音声ファイル（MP3、WAVなど）はアップロードできません。音声のみを投稿したい場合は、動画編集ソフトを使って動画のファイル形式で書き出しましょう。

● 投稿できる動画のファイル形式

MOV
MPEG-1
MPEG-2
MPEG4
MP4
MPG
AVI
WMV
MPEGPS
FLV
3GPP
WebM
DNxHR
ProRes
CineForm
HEVC（h265）

Q 113 動画の再生URLが知りたい！

YouTube Studio

A YouTube Studioのアップロード動画一覧から調べます。

YouTubeにアップロードした動画は、YouTube Studioで管理します。「チャンネルのコンテンツ」画面の「動画」のリストで、URLを知りたい動画のサムネイルをクリックします。「動画の詳細」画面で、動画のURLを確認できます。なお、プライバシー設定で非公開や限定公開に設定した動画のURLをここで取得して、リンクを共有することも可能です。

1 YouTube Studioを表示して、［コンテンツ］をクリックします。

2 URLを知りたい動画をクリックします。

3 「動画の詳細」画面で、URLを確認します。

Q 114 動画の管理画面を表示したい！

\# YouTube Studio

A YouTube Studioの「チャンネルのコンテンツ」画面で、管理画面を表示したい動画のサムネイルをクリックします。

YouTube Studioでは、チャンネルの管理からアップロードした動画の編集まで、投稿したすべての動画を扱うことができます。
動画の情報を個別に管理・編集するには、YouTube Studioにアクセスし、画面左側のメニューから[コンテンツ]をクリックします。
表示された動画一覧から、内容を確認したい動画のサムネイルをクリックすると、「動画の詳細」画面に切り替わります。
「動画の詳細」画面では、タイトルや説明文の編集のほかに、サムネイルの変更や再生リストへの追加、公開設定、終了画面などの確認や編集が可能です。

1 アカウントアイコンをクリックし、

2 [YouTube Studio]をクリックします。

3 [コンテンツ]をクリックします。

4 「チャンネルのコンテンツ」画面で、詳細を確認したい動画のサムネイルをクリックします。

5 「動画の詳細」画面が表示されます。

Q # YouTube Studio
115 動画のタイトルと説明を編集したい！

A 「動画の詳細」画面を表示して、タイトルと説明をそれぞれ編集します。

動画のタイトルや説明は、アップロード時にも設定できますが、一度非公開で投稿しておいて、あとからゆっくり編集することもできます。
個別の動画ごとに内容を編集するには、Q.114の手順に従って、YouTube Studioの「動画の詳細」画面を表示します。
「動画の詳細」画面上部にある「タイトル」や「説明」の入力欄をクリックして内容を書き換え、[保存]をクリックすると、変更内容が確定します。

1 YouTube Studioを表示して、

2 [コンテンツ]をクリックします。

3 「チャンネルのコンテンツ」画面で、タイトルと説明を編集したい動画のサムネイルをクリックします。

4 「タイトル」または「説明」の入力欄をクリックし、タイトルや説明を入力して、

5 [保存]をクリックします。

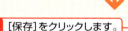

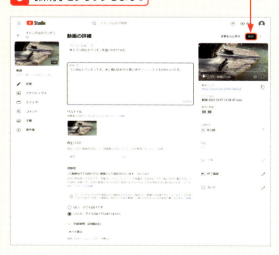

Q 116 タイトルや説明の書き方にコツはある？

YouTube Studio

A タイトルや説明には、検索されやすいキーワードを含めます。

タイトルと説明は、視聴者に動画の内容を伝える役割があるほか、検索ワードとしても機能します。動画の内容に関連するキーワードを1つないし2つ程度含めるとよいでしょう。

キーワードは、自分の動画の内容を反映していることはもちろんですが、多くの人が検索しているトレンドワードを取り入れると、検索から自分の動画を見てくれる人を増やすことができます。

検索されやすいキーワードは、「Googleトレンド」などで調べることができます。トレンドのキーワードをただ並べるのではなく、自然な文章の中に含めるとよいでしょう。

なお、説明はあくまでも動画の内容を伝えるためにあります。動画の内容と関係のないキーワードは使わないようにしましょう。

参考：Googleトレンド
https://trends.google.com/trends/

Q 117 動画にハッシュタグを付けたい！

YouTube Studio

A タイトルまたは説明にハッシュタグを含めます。

ハッシュタグは、「#」に続けてキーワードを入力することで作成できる、タグの1種です。文字列の先頭に「#」を付けることで自動的にリンクを生成し、クリックすると同じハッシュタグが付いた動画を一覧表示できます。

YouTubeでは、「タイトル」または「説明」欄にハッシュタグを記載することができます。「説明」欄に記載したハッシュタグのうち上位3つは、再生ページのタイトル上部に表示され、ページを開いた人の目に留まりやすくなります。

ただし、大量のハッシュタグを使用するのは、関連性の低いワードで検索に引っかかってしまい、視聴者の不評を買うことにもなるので望ましくありません。動画にマッチしたハッシュタグを、数個記載するのが効果的です。なおYouTubeの仕様では、60個を超えた場合はすべてのハッシュタグが無効になるので注意しましょう。

1 「説明」欄に、任意のハッシュタグを入力します。

2 再生画面では、動画情報の上部に上位3つのハッシュタグが表示されます。

Q 118 # YouTube Studio
動画のサムネイルを設定したい！

A 自動生成される3つの場面から選択できます。

YouTubeでは、動画をアップロードすると、自動的に3つのサムネイルが生成されます。この中から、気に入ったものをクリックして選択します。サムネイルの選択は、動画のアップロード時のほか、YouTube Studioの「動画の詳細」画面で設定できます。

1 YouTube Studioを表示して［コンテンツ］をクリックし、

2 編集する動画のサムネイルをクリックします。

3 「動画の詳細」画面で現在のサムネイルにマウスポインタを合わせ、■→［再選択］の順にクリックします。

4 「自動生成されたサムネイル」画面で使用するサムネイルをクリックして、

5 ［完了］をクリックします。

Q 119 # YouTube Studio
候補以外の画像をサムネイルにしたい！

A サムネイル用の画像をアップロードします。

サムネイル用に自分で作成した画像を別途アップロードできます。なお、アップロードには、電話番号によるアカウント確認が必要です（Q.021参照）。さらに、「上級者向け機能」を有効にすると、手順**1**の画面に「テストと比較」という項目が表示され、最大3つまでのサムネイルをアップロードし、パフォーマンスを比較することもできます（子ども向け、成人向け、非公開動画ではテストできないため、動画設定を変更する必要があります）。

1 「動画の詳細」画面で現在のサムネイルにマウスポインタを合わせ、■→［ファイルをアップロード］の順にクリックします。

2 サムネイルの画像ファイルを選択して、

3 ［開く］をクリックします。

4 ［保存］をクリックします。

Q 120 # YouTube Studio
投稿画面にある「視聴者」って何？

A 動画が子ども向けであるか否かを申告する必要があります。

YouTubeの本拠地、アメリカの「児童オンラインプライバシー保護法（COPPA）」やその他関連法に基づいて、YouTubeで動画を公開するクリエイターは、動画が子ども向けであるかどうか申告する必要があります。これは米国居住者だけでなく、すべてのYouTube利用者に適用されます。

「子ども向けの動画」にはっきりした定義はありませんが、視聴者の対象として子どもを想定している場合や主な出演者が子どもである場合などは、「子ども向け」に設定します。YouTubeのヘルプページに判断のヒントが記載されているので、目を通しておきましょう。

では、子ども向けに設定したコンテンツは、一般向けとどう違うのでしょうか。COPPAは、子ども向けのコンテンツが子どもからデータを収集することを制限しているため、コメントや通知が制限されることがあります。また、子ども向けコンテンツではパーソナライズド広告の掲載が無効になるため、広告収入を目的としたコンテンツでは、収入が減少する可能性があります。

なお、視聴者についての設定を正しく行わなかった場合、米国連邦取引委員会またはそのほかの規制当局に法令遵守義務違反とみなされたり、YouTubeアカウントになんらかの措置が取られたりする可能性があることに留意して、正しく設定しましょう。

動画の内容が明らかに子ども向けの場合は「はい、子ども向けです」に設定しましょう。

Q 121 # YouTube Studio
投稿画面にある「年齢制限」って何？

A 18歳未満の視聴者にふさわしくない動画に年齢制限を設定します。

YouTubeのガイドラインによると、18歳未満の視聴者が見る動画としてふさわしいとはいえない内容を含むものについては、年齢制限を設定できるとあります。また、年齢制限を設けるか否かの判断の基準として、次のような種類が挙げられています。

- 子どもの安全
- 有害または危険なアクティビティ
  （規制されている薬物やドラッグを含む）
- ヌードや性的なものを暗示するコンテンツ
- 暴力的で刺激の強いコンテンツ
- 下品な言葉

なお、年齢制限が設定された動画を見るには、視聴者が18歳以上で、YouTubeにログインしている必要があります。

18歳未満の視聴がふさわしくないと思われる動画は、「はい、動画を18歳以上の視聴者のみに制限します」に設定しましょう。

Q 122 非公開で投稿した動画を公開にしたい！
公開設定

A 「公開設定」で[公開]を選択します。

「非公開」で投稿した動画は、自分しか視聴することができません。YouTubeでどのように再生されるかを確認するために「非公開」で動画を投稿する機会も多いでしょう。問題ないようであれば「公開」に変更して、多くの人に動画を見てもらいましょう。

1 YouTube Studioを表示して、[コンテンツ]をクリックします。

2 設定を変更したい動画の右側にある[公開設定]項目をクリックします。

3 表示されたメニューから[公開]を選択して、

4 [公開]をクリックします。

Q 123 動画を限定公開にしたい！
公開設定

A 「公開設定」で[限定公開]を選択します。

「限定公開」は、動画のURLを知っている人だけが視聴できる公開方法です。家族や親戚、友達どうしなど、特定の個人またはグループ間でURLを共有します。

限定公開に設定した動画は、検索や関連動画の対象にはなりません。ただし、URLを知っている人が、その動画を公開中の再生リストに追加したり、SNSやブログに掲載したりした場合、リンクから動画にアクセスできてしまうので注意が必要です。

1 YouTube Studioを表示して、[コンテンツ]をクリックします。

2 設定を変更したい動画の右側にある[公開設定]項目をクリックします。

3 表示されたメニューから[限定公開]を選択して、

4 [保存]をクリックします。

Q 124 動画を非公開にしたい！

公開設定

A 「公開設定」で［非公開］を選択します。

「非公開」は、動画を投稿した本人と特定の人だけが視聴できる設定です。非公開に設定した動画を見るには、投稿時のユーザーアカウントでYouTubeにログインしている必要があります。限定公開と同様に、検索や関連動画の対象にはなりません。また、URLでアクセスしても動画は再生できない状態になっています。特定の人に見せたい場合は、「公開設定」で［動画を非公開で共有する］をクリックし、対象者を招待します。

1 YouTube Studioを表示して、［コンテンツ］をクリックします。

2 設定を変更したい動画の右側にある［公開設定］項目をクリックします。

3 表示されたメニューから［非公開］を選択して、

4 ［保存］をクリックします。

Q 125 指定した日時に動画を公開したい！

公開設定

A スケジュール配信を設定します。

今すぐ公開せずに指定した時間に公開したいときや、毎週決まった曜日に動画を配信する際に利用したいのが、スケジュール配信です。
日時を指定して動画を公開するには、YouTube Studioの「チャンネルのコンテンツ」画面を表示し、任意の動画の「公開設定」で設定します。ほかに、「動画の詳細」画面でも設定可能です。なおスケジュールを設定した動画は、設定した日時まで「非公開」の扱いとなります。

1 YouTube Studioを表示して、［コンテンツ］をクリックします。

2 設定を変更したい動画の右側にある［公開設定］項目をクリックします。

3 ［スケジュールを設定］をクリックして選択し、公開日時を指定します。

4 ［スケジュールを設定］をクリックします。

Q ＃詳細設定

126 詳細なメタデータを設定したい！

A 「動画の詳細」画面で、オプションの設定項目を表示します。

YouTubeのアルゴリズムは、通常「タイトル」「説明」「タグ／ハッシュタグ」のキーワードを使って、検索結果や関連動画に反映します。動画にさらにメタ情報を加えたい場合は、「動画の詳細」画面下部の［すべて表示］をクリックして、オプション項目を表示します。

詳細オプションでは、「タグ」「言語とキャプションの認定」「撮影日と場所」「カテゴリ」といったメタ情報を追加できます。一部のオプション項目は動画の一覧画面からも追加できますが、動画ごとにまとめて設定したい場合は「動画の詳細」画面を使うと便利です。

また、このほかに「有料プロモーション」や「コメントと評価」の設定も含まれます。コメントや評価は動画のエンゲージメントにつながるので、しっかり管理しましょう。

● YouTube Studioの「動画の詳細」画面

YouTube Studioの「動画」画面で、設定したい動画をクリックして「動画の詳細」画面を表示します。画面をいちばん下までスクロールして、［すべて表示］をクリックします。設定後は、忘れずに画面右上部の［保存］をクリックしましょう。

「動画の詳細」画面の下部にある［すべて表示］をクリックすると、「タグ」が見つかります。ここに入力した文字列は、カンマで区切ることで1つのタグとして認識されます。

なお動画に付けたタグは、再生ページには表示されません。ハッシュタグが検索に直結するキーワードであるのに対して、タグはYouTubeがその情報をもとに関連動画として表示する際に使用します。

1 Q.114を参考に「動画の詳細」画面を表示します。

2 ［すべて表示］をクリックします。

3 「タグ」の入力エリアに、「,」（カンマ）で区切って複数のタグを入力します。

4 タグの入力が済んだら、画面右上の［保存］をクリックします。

Q 127 | 言語の設定をしたい！

詳細設定

A 「動画の詳細」画面で、「動画の言語」を指定します。

動画の言語は、「動画の詳細」画面で［すべて表示］をクリックすると表示される「動画の言語」で設定します。
日本語のコンテンツであれば、「動画の言語」で［日本語］を指定することで、言語で絞り込んで検索するユーザーにリーチしやすくなるほか、タイトルや説明文などに適用されるYouTubeの自動翻訳や、自動字幕起こしの精度が高くなるメリットがあります。

「動画の詳細」画面で［すべて表示］をクリックし、オプション項目を表示しておきます。

1 ［動画の言語］をクリックします。

2 メニューから［日本語］（または任意の言語）をクリックして選択します。

3 最後に画面上部の［保存］をクリックします。

Q 128 | 字幕の設定をしたい！

詳細設定

A YouTube Studioの［字幕］から動画ごとに字幕を設定できます。

動画に字幕を設定するには、YouTube Studioから［字幕］をクリックし、字幕を設定したい動画をクリックして、字幕を手動で入力します。

1 YouTube Studioを表示して、［字幕］をクリックします。

2 字幕を設定したい動画をクリックします。

3 「言語」が「日本語（動画の言語）」になっていることを確認します。「字幕」にマウスポインタを合わせ、✐をクリックします。

4 ［手動で入力］をクリックして、画面下の黒いバーの左右をドラッグして字幕を設定したい箇所を選択します。

5 字幕を入力します。

6 ［公開］をクリックします。

Q 129 コメントの可否を設定したい！

A 詳細設定の[コメントと評価]で設定できます。

YouTubeの動画には、コメント欄が表示されているのが一般的です。しかし、コメントを許可しない設定も可能です。特定の動画でコメントを不許可、または保留にするには、「動画の詳細」画面下部にある[すべて表示]をクリックし、表示される「コメントと評価」で設定します。

コメントの設定は、「オン」「一時停止」「オフ」から選択できます。「オン」にした場合、コメントを保留するかのオプションを「なし（コメントを保留しない）」「標準（不適切な可能性があるコメントを保留する）」「強（不適切な可能性がある多様なコメントを保留する）」「すべて保留（すべてのコメントを保留する）」の4種類から設定できます。

「一時停止」にした場合、既存のコメントはそのままですが、再度「オン」にするまで動画へコメントできなくなります。

1 「コメントと評価」で、[コメントの管理]をクリックします。

2 表示されたメニューから、コメントの扱いをクリックして選択します。

3 最後に画面上部の[保存]をクリックします。

Q 130 評価数の表示／非表示を設定したい！

A 詳細設定の[コメントと評価]で切り替えます。

YouTubeの動画は、視聴したユーザーが「高評価」「低評価」の評価ボタンをクリックして評価することができます。デフォルトでは、高評価のクリック数が公開されますが、この数字は非表示にすることも可能です。

設定は、「動画の詳細」画面下部にある[すべて表示]をクリックし、表示される「コメントと評価」で行います。評価数を非表示にするには、[この動画を高く評価した視聴者の数を表示する]のチェックを外します。なお評価数を非表示にしても、評価ボタン自体は機能するため、評価数を確認することが可能です。

評価数を非表示にするには、「コメントと評価」で[この動画を高評価した視聴者の数を表示する]のチェックを外します。

評価数を表示から非表示に切り替えると、表示が次のように変わります。

Q 131 投稿した動画を「再生リスト」にまとめたい!

A 再生リストを作成して、動画を追加しましょう。

公開した動画を順番に見てほしいときや、シリーズ別に動画をまとめて整理したいときは、再生リストを利用します。作成した再生リストは、視聴者にも見てもらえるように公開しておくとよいでしょう。

再生リストの作成および編集は、YouTube Studioまたは通常のアカウントページから行います。

Q.046を参考に「再生リスト」を作成しておきます。

1 リストに追加したい動画の「詳細」画面を表示し、

2 「再生リスト」の[選択]をクリックします。

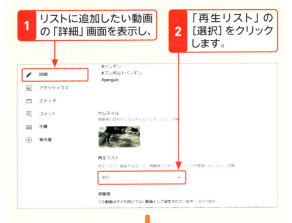

3 追加したい再生リストにチェックを付けて、

4 [完了]をクリックします。

Q 132 複数の動画をまとめて「再生リスト」に追加したい!

A 再生リストの画面から追加します。

再生リストを作成すると、再生リストの画面から動画を追加できます。その際、YouTube内にある動画をキーワード検索して、まとめて追加することができます。

Q.046を参考に「再生リスト」を作成しておきます。

1 YouTubeのホーム画面から[再生リスト]→[再生リストの全体を見る]の順にクリックします。

2 ⋮をクリックします。

3 [動画を追加する]をクリックします。

4 マイチャンネルの動画が一覧で表示されるので、

5 追加したい動画をクリックして選択し、

6 [動画を追加]をクリックします。

Q 133 アップロード時のデフォルト設定を変更したい！

A ［アップロード動画のデフォルト設定］で変更できます。

アップロードのたびに同じ設定をくり返すのは面倒という場合は、デフォルトの設定を変更することができます。
YouTube Studioの「設定」画面で［アップロード動画のデフォルト設定］をクリックし、タイトルや説明、タグなどの基本設定と、ライセンスの種類や言語、コメントなどの詳細設定をそれぞれ編集します。ここで設定した内容は、そのチャンネルに投稿するすべての動画に適用されます。

1 YouTube Studioの画面で［設定］をクリックします。

2 ［アップロード動画のデフォルト設定］をクリックし、

3 ［基本情報］と［詳細設定］で、必要な設定を行います。

Q 134 投稿した動画に「ドラフト」と表示され公開されない！

A 投稿時の設定が完了する前に画面を閉じるとドラフト扱いになります。

アップロードが終了したあと、投稿時に必要な設定を完了する前にウインドウを閉じたりほかのページに移動したりすると、その投稿は「ドラフト」として保存されます。
「ドラフト」と表示されている動画の［ドラフトを編集］をクリックして必要な設定を行い、公開設定を［公開］にして保存します。

1 「公開設定」が「ドラフト」になっていることを確認し、

2 ［ドラフトを編集］をクリックします。

3 公開に必要な各種設定を行います。

4 ［次へ］をクリックし、画面の指示に従って進めます。

5 ［保存］（または［公開］）をクリックします。

Q 135 ♯詳細設定
アップロードした動画の画質が悪い！

A 高解像度の動画処理には、多少時間がかかります。

アップロードした動画は、最初に低解像度の処理が行われます。これによりアップロードの高速化が実現しますが、アップロード直後の動画は低解像度で再生されることになります。

ハイビジョンや4Kなど、高解像度の動画をアップロードした場合、処理に時間がかかるため、その間高解像度を選択できないこともあります。これを回避するには、アップロード後すぐに公開せずに、限定公開などに設定する方法が考えられます。高解像度の処理が完了したあとで公開することで、視聴者は初めから高解像度の映像を視聴できます。

画質が低いと感じるときは、プレイヤーの[設定]→[画質]を確認してみましょう。

Q 136 ♯詳細設定
アップロードした動画が削除されてしまった！

A YouTubeのポリシーに違反している可能性があります。

アップロードした動画に「動画が削除されました」といった旨のメッセージが表示された場合、動画の内容がYouTubeのポリシーに違反している可能性があります。以下に、メッセージの例と削除の理由を記載します。誤って削除されたと考えられる場合は、再審査請求もできます。

● 「動画が削除されました：不適切なコンテンツ」

動画がコミュニティガイドラインに違反していることを示します。コミュニティガイドラインを確認し、YouTubeにアップロード可能なコンテンツの種類を確認します。

● 「動画が削除されました：利用規約違反」

動画が利用規約違反または著作権侵害により削除された可能性があります。詳しくは、YouTubeの利用規約と著作権の基本情報を確認しましょう。

● 「著作権保護されたコンテンツが含まれています」

動画のコンテンツに対して、YouTubeのContent IDシステム経由でコンテンツ所有者から申し立てが行われたことを示します。メッセージをクリックすると、「著作権の詳細」で動画内で著作権侵害とみなされた部分に関する情報を確認できます。「著作権保護されたコンテンツのためミュート中」「すべての国でブロック」「一部の国または地域でブロックされました」などのメッセージも同様です。

● 「動画が削除されました」

削除を求める正式な法的要請が著作権者から送信されたため、動画がYouTubeから削除されたことを示します。

● 「動画が削除されました・商標の問題」

動画が商標に関するポリシーに違反していることを示します。

Q 137 投稿した動画をトリミングできる？

#動画エディタ

A 「エディタ」で動画の先頭と最後、または中間をカットできます。

すでに公開済みの動画でも、再生時間が6時間未満であれば、YouTube Studioの「エディタ」を使って、動画の前後、または中間の一部を切り取ることができます。なお、再生回数が10万回を超えている未編集の動画では顔のぼかし処理を除いて、変更を保存できない場合があります（YouTubeパートナープログラムに参加していないユーザー）。その場合は、新しい別の動画として投稿し直します。

1 編集したい動画を選択して[エディタ]をクリックし、

2 [トリミングとカット]をクリックします。

3 タイムラインの両側にある青色のバーをドラッグして、動画の前後をカットします。

4 [プレビュー]をクリックして、内容を確認します。

5 [保存]をクリックして、変更を確定します。

操作中は保存できません。「プレビュー」状態にしてから[保存]をクリックしましょう。

Q 138 投稿した動画にぼかしを入れたい！

#動画エディタ

A 「エディタ」の「ぼかし」で編集します。

動画の内容に関係のない通行人や個人情報が写り込んでいる場合などは、ぼかしを追加することができます。
たとえば顔をぼかすには、ぼかしを入れたい動画の詳細画面を表示し、左側のメニューで[エディタ]をクリックします。「ぼかし」の+をクリックして[顔のぼかし]または[カスタムぼかし]をクリックして選択します。「顔のぼかし」を選択すると、動画内に写っている人の顔が自動で検出されるので、ぼかしたい顔を選択して[適用]をクリックします。「カスタムぼかし」では、ぼかしの位置や形、動作などを自由に設定できます。

1 編集したい動画を選択して、[エディタ]をクリックし、

2 「ぼかし」の+をクリックし、[カスタムぼかし]をクリックします。

3 ぼかしたい場所をドラッグして選択し、

4 「ぼかしの形」や「ぼかしの動作」などを設定します。

5 [保存]をクリックします。

Q 139 投稿した動画に音楽を追加したい！

＃動画エディタ

A オーディオライブラリの著作権料無料の音楽と効果音が利用できます。

YouTubeに投稿する動画に音楽を付けたい場合、自分が好きなアーティストなど市販のCDや音楽配信サービスからダウンロードした楽曲を許可なく使用することはできません。通常、そうした楽曲には著作権が存在するためです。
そこで、安全かつ手軽に利用できる、YouTube Studioの「オーディオライブラリ」を活用しましょう。

1 編集したい動画を選択して［エディタ］をクリックし、

2 ［音声］をクリックします。

3 オーディオライブラリから使用したい音声を選択して、［追加］をクリックします。

4 音声がオーディオタイムラインに追加されます。

5 音量などを調整し、最後に［保存］をクリックして完了です。

Q 140 投稿した動画を削除したい！

＃動画削除

A YouTube Studioの「動画」画面で［完全に削除］を選択します。

投稿した動画を削除するには、動画の一覧から削除したい動画にマウスポインタを合わせ、表示されるをクリックし、［完全に削除］をクリックします。
複数の動画をまとめて削除するには、削除したい動画にチェックを付けてから、［その他の操作］→［完全に削除］の順にクリックします。いずれの場合も、一度削除すると復元できないので注意が必要です。

1 YouTube Studioで［コンテンツ］をクリックして「チャンネルのコンテンツ」画面を表示します。

2 削除したい動画にマウスポインタを合わせ、表示されるをクリックします。

3 表示されたメニューから［完全に削除］をクリックします。

第**5**章

ユーザー相手に
リアルタイム交流!
ライブ配信技

141 ▷▷ 144	ライブ配信の基本
145 ▷▷ 158	YouTube Live
159 ▷▷ 162	収益
163 ▷▷ 164	ライブ配信後
165	スマートフォン

Q 141 ライブ配信は無料でできる？

A アカウントとチャンネルがあれば、無料で配信できます。

YouTubeには「YouTube Live」というライブ配信機能があります。ライブ配信では、リアルタイムに映像を配信しながら、視聴している人とコメントなどを通してコミュニケーションを取ることができます。多くのYouTuberは動画投稿以外にも、ライブ配信を並行して行っていることが多く、視聴者側も動画に比べてYouTuberとの距離を近く感じることができます。

この「YouTube Live」は、動画投稿と同様、GoogleアカウントとYouTubeチャンネルを持っていれば誰でも無料で配信することができます。ただし、スマートフォンやタブレットからの配信については条件があります（Q.165参照）。

1 をクリックして、

2 [ライブ配信を開始]をクリックします。

Q 142 配信した動画はあとからでも見られる？

A ライブ配信は、終了後すぐに動画化されて自動で投稿されます。

YouTubeでライブ配信が終了したら、その配信はYouTube上で動画化され、自動で投稿されます。そのため、自分で配信内容を投稿し直す必要はありません。これにより、ライブ配信を見られなかった視聴者に対して、あとから見てもらうことが可能になります。

● 配信後は自動的に動画化される

ライブ配信されていた動画は、視聴回数の右に「○○前に配信済み」と表示されます。通常の動画にはこの表示が付いていないので、通常の動画なのかライブ配信の動画なのかを区別することができます。

Q 143 ライブ配信で準備しておくとよいものってある？

ライブ配信の基本

A 配信したい内容に合わせて、準備するものが異なります。

YouTubeでライブ配信をする場合、顔出しで配信をするならWebカメラは必須です。また、音声を配信に乗せるためのマイクも必要です。ヘッドフォンは雑談配信などでは必ずというわけではありませんが、音楽配信やゲーム配信をする場合はその音をマイクが拾ってしまい、視聴者側で二重に音が聞こえてしまう場合があるので、必ず用意しましょう。マイクとヘッドフォンが一体型になっているヘッドセットは、ライブ配信で非常に便利な機材です。歌や演奏配信をする場合は、オーディオインタフェース機能を備えたミキサーがあると便利です。とくに最近のミキサーはUSBで直接パソコンにつなぐことができるので、専用の音楽機材を用意する必要もありません。

また、映像にこだわりたい場合は、専用の配信ソフトがあるとよいでしょう（詳しくはQ.144参照）。

● 絶対に必要なもの

Webカメラ

マイク

● あると便利なもの

ヘッドセット

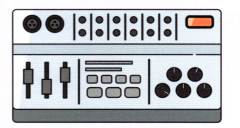

ミキサー

Q 144 専用の配信ソフトは使ったほうがよい？

A 映像と音声のキャプチャとミキシングを行ってくれるので、より高画質、高音質で配信することができます。

専用の配信ソフトを使うことで、より高画質で高音質な配信をすることができます。OBSやXSplitはエンコードソフトウェアとも呼ばれ、これらを使うことで、画質や音声の調整が可能になります。そのほかにも、映像の切り替えができたり、画像をいくつも重ねたり、外部の配信サイトとの同時配信ができたりと、機能は多岐にわたります。無料で導入できるソフトもあるので、ぜひ使ってみましょう。

● OBS

URL https://obsproject.com/ja

無料で使える配信ソフトです。YouTubeのライブ配信でもっとも多く使われているソフトで、使い方もかんたんです。ライブ配信に複数の画像を重ねたり、映像を切り替えたりすることもできます。

● XSplit

URL https://www.xsplit.com/ja

無料で使うこともできますが、有料版では多くの便利な機能を使うことができます。とくに、複数のライブ配信サイトで同時に配信することができる点は、ほかのソフトよりも優れているでしょう。

● マルチコメントビューア

URL https://ryu-s.github.io/app/multicommentviewer

YouTubeでの配信中に流れるコメントを取得できるソフトです。ゲーム配信など、YouTubeの画面を見ることができない場合に、コメントを確認するために使うと便利です。

Q # YouTube Live

145 YouTube Liveを有効にしたい！

A YouTube Live Studio画面に移動しましょう。

YouTube Liveを有効にすると、ライブ配信を開始することができます。YouTube Liveを有効にするには、「YouTube Live Studio」画面に移動する必要があります。いきなりライブ配信が開始されるわけではないので、慌てずに配信に合わせた設定をYouTube Live Studioで行いましょう（Q.146〜155参照）。

1 ［＋］をクリックして、

2 ［ライブ配信を開始］をクリックします。

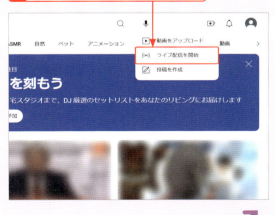

3 初回はライブ配信へのリクエストが自動で送信されます。ライブ配信がチャンネルで有効になり次第、配信開始できます。1日（24時間）経過後、ライブ配信を行いましょう。

4 1日（24時間）経過後、再度手順 **1**〜**2** を参考にYouTube Live Studioに移動すると、「YouTube Live Studio」画面が表示されます。

Q # YouTube Live

146 ライブ配信を開始したい！

A YouTube Live Studio画面から配信を開始します。

「YouTube Live Studio」画面を表示したら、配信方法の設定と配信情報の入力をして、配信を開始しましょう。配信を開始するには、最低でも「タイトル」「公開設定」「子ども向け設定」を行う必要があります。「エンコーダ配信」は、Q.144の配信ソフトを使った配信です（詳しくはQ.147参照）。「ウェブカメラ」は、Webカメラを使った配信方法です。配信ソフトを利用しない場合はこちらを選択します。

1 ⊞をクリックして、

2 [ライブ配信を開始]をクリックします。

3 配信のタイミングを選択します。ここでは、「今すぐ」の[開始]をクリックします。

4 配信の方法を選択します。ここでは「内蔵ウェブカメラ」の[選択]をクリックします。「ストリーミングソフトウェア」を選択する場合は、Q.144の配信ソフトが必要になります。

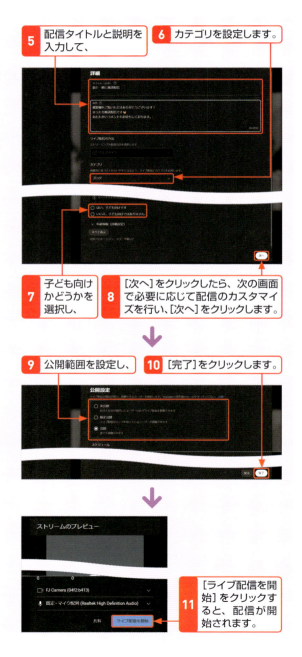

5 配信タイトルと説明を入力して、

6 カテゴリを設定します。

7 子ども向けかどうかを選択し、

8 [次へ]をクリックしたら、次の画面で必要に応じて配信のカスタマイズを行い、[次へ]をクリックします。

9 公開範囲を設定し、

10 [完了]をクリックします。

11 [ライブ配信を開始]をクリックすると、配信が開始されます。

Q # YouTube Live
147 高画質で配信したい！

A 配信ソフトを使うと高画質で配信できます。

ゲーム配信のように映像の画質を重視したいライブ配信を行いたい場合は、Q.144で紹介した配信ソフトを使って配信するとよいでしょう。配信ソフトを使わずに配信すると、YouTube上で画質と音質が自動でエンコード（圧縮）され、実際の映像と音よりも低品質になってしまう可能性があります。配信ソフトを使うことにより、画質と音質を自由に選択して配信することができるのです。

なお、画質や音質はパソコンのスペックやインターネットの通信速度にも左右されるため、必ずしも高い設定で配信できるわけではありません。使用しているパソコンとインターネットの通信速度を確認しておきましょう。本書では、配信ソフトとしてOBSを使った設定方法を紹介します。

1 OBSを起動して、[設定]をクリックします。

2 [配信]をクリックして、

3 サービスを[YouTube-RTMPS]に変更します。

4 [出力]をクリックして、

5 画質に関する設定を行います。

6 [音声]をクリックして、

7 音質に関する設定を行います。

8 [OK]をクリックします。

9 手順**1**の画面に戻ります。[配信開始]をクリックします。

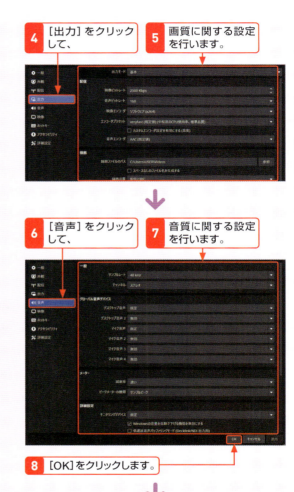

Q148 公開範囲を設定したい!

A 配信前に公開範囲を設定しましょう。

ライブ配信は、公開範囲を設定せずに配信を開始すると、全世界に向けて配信をすることになります。一部の人に向けた配信や、きちんと機材が動くかどうかの確認配信は、「限定公開」や「非公開」を選択しましょう。

- 公開：全世界に向けて配信する
- 限定公開：ライブ配信のURLリンクを知っている人のみが視聴できる
- 非公開：自分だけしか見ることができない

1 Q.146手順9の画面で公開範囲をクリックして設定します。

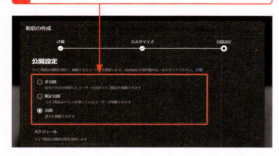

● 公開範囲を編集する

1 「YouTube Live Studio」画面を表示し、[管理]をクリックします。

2 公開範囲を編集したいライブ配信をクリックし、[編集]→[公開設定]の順にクリックしたら、任意の公開範囲を設定して[完了]→[保存]の順にクリックします。

Q149 配信の予約ってできる？

A 「管理」の「ライブ配信をスケジュール設定」から行えます。

ライブ配信の予約は「管理」にある「ライブ配信をスケジュール設定」からできます。予約を設定すると、自分のチャンネルの「今後のライブ」に予約した配信が表示されます。

1 [管理]をクリックして、

2 [ライブ配信をスケジュール設定]をクリックします。

3 Q.146を参考に設定を進めます。

4 予約する日時を設定し、

5 [完了]をクリックします。

Q # YouTube Live

150 配信のタイトルや説明を入力したい！

A 配信設定時に入力しましょう。

ライブ配信の設定時に、配信のタイトルや説明を入力することができます。タイトルには配信の内容をしっかりと入力しましょう。説明には、補足情報のほかに、自身のSNSやホームページのURLを記載することも多いので、アカウントやページを持っている場合は入力するとよいでしょう。ここでは、ウェブカメラ配信での設定を紹介します。

1 ［ウェブカメラ］をクリックし、

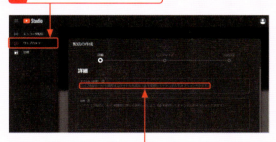

2 「配信の作成」画面を表示して、「タイトル（必須）」の［ライブ配信について説明するタイトルを追加（@を使用してチャンネルをメンションできます）］をクリックします。

3 タイトルを入力します。

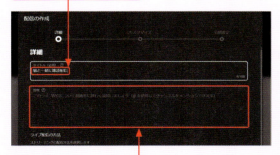

4 「説明」の［このライブ配信について視聴者に詳しく説明しましょう（@を使用してチャンネルをメンションできます）］をクリックします。

5 説明を入力します。

6 子ども向けかどうか選択し、［次へ］をクリックします。

7 以降はQ.146を参考に設定を進めます。

8 ［編集］をクリックすると、配信のタイトルや説明を変更できます。

115

Q151 自作のサムネイルを使いたい！

YouTube Live

A 配信前にサムネイルを選択しましょう。

通常、サムネイルは自動的に設定されるか、もしくは配信前にWebカメラで撮影された画像に設定されます。自作したサムネイルを使いたい場合は、プレビュー画面で自作のサムネイルを選択し、設定しましょう。画像だけでなく、どのような配信なのかが一目でわかるように、文字も入れるとよいでしょう。

1 Q.146手順**11**のプレビュー画面にマウスポインタを合わせて、[カスタムサムネイルをアップロード] をクリックします。

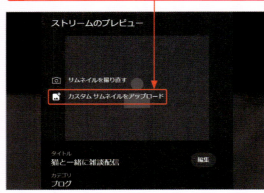

2 サムネイルにしたい画像を選択すると、サムネイルが切り替わります。

Q152 子ども向けの配信設定にしたほうがよい？

YouTube Live

A 子どもが主な視聴者の場合や子ども向けのテーマの場合は設定しましょう。

YouTubeでは、ライブ配信を子ども向けに設定することができます。子ども向けに設定する必要がある場合の条件は、以下の通りです。

- 子どもが主な視聴者であると想定されること
- 子ども向けの内容の配信であること（キャラクターやゲーム、物語など）

この設定は配信前に行わなければいけないので、Q.146の設定時によく確認しましょう。なお、米国では「13歳以下」を子どもと設定してます。これを基準に子ども向けの配信に設定するかどうかを考えるとよいでしょう。

なお、子ども向け配信に設定すると、そのライブ配信では広告やチャット機能が利用できなくなります。

参考：YouTube「コンテンツが「子ども向け」かどうかを判断する」
https://support.google.com/youtube/answer/9528076?hl=ja

Q # YouTube Live
153 ライブ配信の設定を詳しく知りたい！

A ライブ配信のジャンルやチャットの許可などの設定も行えます。

ライブ配信では、タイトルや公開設定以外にもさまざまな設定を行うことができます。ウェブカメラ配信では、「カテゴリ」「サムネイル」「再生リスト」のほか、「スポンサーの商品を紹介しているかどうか」や「チャットの許可」などの設定を行うことができます。とくにカテゴリを設定すると、視聴者がカテゴリの中から配信を見つけてくれる可能性が高くなります。自分の配信に合ったカテゴリを設定しておきましょう。

1 Q.146手順 5 の画面で「カテゴリ」のプルダウンメニューをクリックします。

「サムネイル」や「再生リスト」を設定できます。

2 任意の配信カテゴリをクリックして選択します。

3 [すべて表示]をクリックします。

4 「有料プロモーション」のほか、「改変されたコンテンツかどうか」や「タグ」「言語とキャプションの認定」「ライセンス」「コメントと評価」などの設定ができます。

5 [次へ]をクリックします。

6 「カスタマイズ」画面が表示されます。「チャット」「参加者モード」「リアクション」「メッセージ待機」などの設定が行えます。

117

Q 154 配信中に追っかけ再生ができるようにしたい！

＃YouTube Live

A ライブ配信でDVRを有効にします。

追っかけ再生は、視聴者がライブ配信を途中から見始めたときに、配信の最初から視聴する、「追っかけ再生」ができるようになる機能です。これを利用すると、リアルタイムのライブ配信中に、視聴者が一時停止、巻き戻し、視聴再開を行うことができます。なお、巻き戻すことができる時間は最大で12時間なので、長時間のライブ配信では最初から見直すことができない場合があります。その場合は、配信終了後に動画として投稿されたライブ配信を見てもらうとよいでしょう。なお、この設定は「エンコーダ配信」でのみ設定できます。

1 ［エンコーダ配信］をクリックします。

2 ［ライブ配信の設定］をクリックします。

3 「DVRを有効にする」の ◯ をクリックして、 ◯ にします。

4 配信ソフトで［配信開始］をクリックして、配信を開始します。

Q # YouTube Live

155 ライブ配信の遅延って何？

A 配信中の、視聴者との間の若干のタイムラグのことです。

ライブ配信中はリアルタイムで視聴者とやり取りを行うことができますが、実際は配信者と視聴者の間には最低でも2〜3秒のタイムラグがあります。これを「遅延」や「ラグ」と呼んでいます。このラグは配信者のパソコンのスペックや通信環境のほかにも、視聴者のパソコンのスペックなどによっても生じるので、どうしても避けることができません。しかしYouTubeには「低遅延放送」という、遅延をある程度少なくすることができる機能があります。なお、この設定は「エンコーダ配信」でのみ設定できます。

1 [エンコーダ配信]をクリックします。

2 [ライブ配信の設定]をクリックします。

3 「ライブ配信の遅延」の欄で遅延への対応方法を選択します。通常は[低遅延]に設定されています。

4 [超低遅延]をクリックして選択すると、遅延がかなり少なくなりますが、4Kや1440pなどの超高画質には対応していません。

5 配信ソフトで[配信開始]をクリックして、配信を開始します。

Q 156 配信中に気を付けることってある？

= YouTube Live

A 個人を特定できそうなことは話さない、見せないようにしましょう。

YouTubeに限らず、ライブ配信でたびたび問題になるのは、配信者自身が特定されてしまうことです。配信中の発言などでチャンネルが炎上してしまい配信を続けられなくなるどころか、場合によっては危険な視聴者によるストーカー被害など、犯罪に巻き込まれてしまう可能性があります。まずは個人情報を配信中に話さないことが重要です。名前や住所はもちろん、電話番号や学校名、勤務先も話してはいけません。中には視聴者に誕生日を祝ってほしい気持ちから生年月日などを話してしまう配信者もいますが、個人は思わぬところから特定されてしまうので、生年月日も可能な限り伏せておいたほうがよいでしょう。

次に、Webカメラを使って配信をしている場合、自分以外が写らない場所で行いましょう。とくにスマートフォンなどを使って外から配信を行う場合には、写り込んだお店や公共施設の名前や外観などから、住所を特定されてしまう恐れがあります。過去の事件では、自宅から配信をしていても、窓からの景色によって住所が特定されてしまったということもありました。顔出し配信は、よほど自宅周りのセキュリティに自信がない限りは避けたほうがよいでしょう。

位置がかんたんに特定できそうな場所での配信は避けたほうがよいでしょう。

Q 157 配信中のチャットを不可にしたい！

= YouTube Live

A 「カスタマイズ」の「チャット」でチェックを外しましょう。

YouTubeで配信をする場合、視聴者は配信画面の右側でチャットをすることができます。しかし、チャット欄で視聴者どうしで喧嘩を起こしてしまう場合が少なからずあります。その場合、自分のチャンネルが炎上してしまうことにもつながりかねません。チャットを無効にしておくと、視聴者との交流はできませんが、それだけ安全に配信することができます。

なお、「子ども向け配信」に設定した場合は、チャットは不可に設定されます。

1 Q.153手順❻の画面で「チャット」にある［チャット］をクリックしてチェックを外します。

2 チャットが無効になります。

Q # YouTube Live

158 配信中のアナリティクスを確認したい！

A　「YouTube Live Studio」画面でアナリティクスを確認できます。

「YouTube Live Studio」画面では、ライブ配信中にアナリティクスやストリームの状態を確認することが可能です。ライブ配信を開始し、[アナリティクス]をクリックすると「同時視聴者数」のほか、「チャット率」「視聴回数」「平均視聴時間」を確認できます。また、[ストリームの状態]をクリックすると、ストリームが正常に送信されているかが表示されます。ここでは、配信ソフトを使用した配信である「エンコーダ配信」の紹介をします。

1 「YouTube Live Studio」画面を表示して、エンコーダ配信を開始します。

2 [アナリティクス]をクリックします。

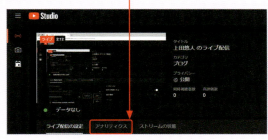

3 「同時視聴者数」や「チャット率」「視聴回数」を確認できます。

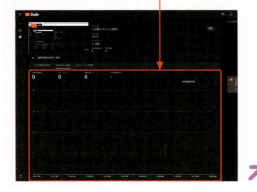

4 [ストリームの状態]をクリックします。

5 ストリームの状態を確認できます。エラーが発生している場合は、エラーが表示されます。

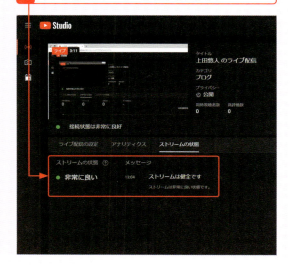

Q 159 Super Chatって何？

\# 収益

A ライブ配信中に表示される有料コメントのことです。

Super Chatとは、視聴者が有料でコメントを投稿することができる投げ銭機能です。Super Chatを使うことによって、ハイライトの付いた目立つコメントを投稿することができます。これにより、配信者にも気付かれやすくなり、コメントを読まれる可能性が高くなります。

Super Chatは、配信者側にもメリットがあります。コメントの金額の大半は配信者が受け取ることができるので、収益につながります。なお、Super Chatを利用するには以下の条件を満たす必要があります。

- チャンネルがYouTubeパートナープログラムに参加している
- 18歳以上である
- チャンネル所有者の居住地が提供地域に含まれている
- チャンネル所有者（MCNも含む）がYouTubeの規約とポリシー（関連する課金型商品モジュールを含む）に同意し、それらを遵守している

なお、「年齢制限あり」「限定公開」「非公開」「子ども向け」の動画やYouTube Givingの募金活動と組み合わせる場合や、チャットやコメントが無効になっている場合は利用できません。

● Super Chatの金額に応じた条件の違い

購入額	ハイライト色	メッセージの最大文字数	表示の最長時間
100～199円	青	0文字	0秒
200～499円	水色	50文字	0秒
500～999円	緑	150文字	2分
1,000～1,999円	黄色	200文字	5分
2,000～4,999円	オレンジ	225文字	10分
5,000～9,999円	ピンク	250文字	30分
10,000～19,999円	赤	270文字	1時間
20,000～29,999円	赤	290文字	2時間
30,000～39,999円	赤	310文字	3時間
40,000～49,999円	赤	330文字	4時間
50,000円	赤	350文字	5時間

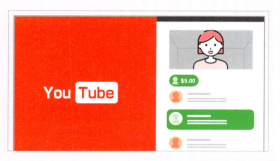

Super Chatのコメントは、金額によって色でハイライト表示させることができたり、チャットストリーム欄に一定時間表示させたりすることができます。Super Chatの金額は、そのほとんどが配信者に配分されるので、配信者もそのコメントを積極的に読んでくれる傾向にあります。そのため、コメントを読んでほしい視聴者は積極的にSuper Chatを使うことが多いです。

※ 1日あたり、50,001円（iPhoneの場合は78,801円）以上のSuper Chatをすることはできません。
※ 0文字の場合、Super Chatをしたというお知らせが表示されるのみで、メッセージを入力することはできません。
※ 0秒の場合、Super Chatの表示欄には表示されずに、通常のコメント欄にのみお知らせが表示されます。

Q ＃収益

160 Super Chatを設定したい！

A YouTube Studioの［収益化］から設定できます。

Super Chatは、YouTube Studioの［収益化］から設定することができます。なお、収益化していないチャンネルの場合は、［収益化］をクリックすると異なる画面が表示されます。

Super Chatはワンクリックで設定できるので、とくに難しい操作は必要ありません。設定したら、配信で視聴者がSuper Chatを使うことができるようになります。

1 画面右上の自分のアカウントアイコンをクリックして、

2 ［YouTube Studio］をクリックします。

3 ［収益化］をクリックします。

4 ［Supers］をクリックして、

5 「Super Chat」の● をクリックします。

6 Super Chatが有効になります。

Q 161 | Super Stickersって何？

≠ 収益

A ライブ配信中に表示される有料の ステッカーコメントのことです。

Super Stickersとは、視聴者が有料でステッカーコメントを投稿することができる投げ銭機能です。Super Chatとは違い、自由にコメントを入力することはできませんが、かわいいアニメーションスタンプのステッカーを送信することで感情を表現できます。また、価格帯も200〜5,000円と低価格なので、気軽に配信者を支援できる点も人気です。なお、Super Chatと同様、Super Stickersを利用するには以下の条件があります。

- チャンネルがYouTubeパートナープログラムに参加している
- 18歳以上である
- チャンネル所有者の居住地が提供地域に含まれている
- チャンネル所有者（MCNも含む）がYouTubeの規約とポリシー（関連する課金型商品モジュールを含む）に同意し、それらを遵守している

● Super Stickersの例

Q 162 | Super Stickersを設定したい！

≠ 収益

A YouTube Studioの ［収益化］から設定できます。

Super Stickersは、YouTube Studioの［収益化］から設定することができます。なお、収益化していないチャンネルの場合は、［収益化］をクリックすると異なる画面が表示されます。

1 Q.160の手順 5 の画面を表示して、「Super Stickers」の ● をクリックします。

↓

2 Super Stickersが有効になります。

Q163 ライブ配信した動画を配信後は非公開にしたい！

#ライブ配信後

A YouTube Studioから非公開に設定します。

ライブ配信後は、配信した内容が動画として自動で投稿されます。配信後に動画を非公開にするには、YouTube Live Studioではなく、YouTube Studioから設定を行います。[コンテンツ]の[ライブ配信]から、非公開にしたいライブ配信を非公開に設定しましょう。

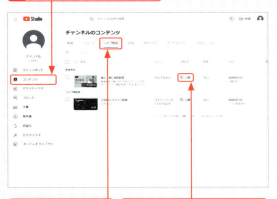

1 YouTube Studioを表示して[コンテンツ]をクリックし、

2 [ライブ配信]をクリックしたら、

3 非公開にしたい配信の[公開]をクリックします。

4 [非公開]をクリックして、

5 [保存]をクリックします。

Q164 2回目以降の配信でも設定をやり直す必要がある？

#ライブ配信後

A エンコーダ配信は設定をやり直す必要はありません。

エンコーダ配信の場合、2回目以降のライブ配信は、前回の内容が引き継がれているので、設定をやり直す必要がありません。配信ソフト上での設定も、OBSやXSplitを使っている場合は、ソフトを終了した場合でも設定が保存されているため、再度設定し直す必要はありません。

しかし、ウェブカメラ配信の場合は毎回設定し直す必要があるので、注意しましょう。

エンコーダ配信の場合は前回の内容がそのまま引き継がれているので、設定し直す必要はありません。

ウェブカメラ配信の場合は毎回設定し直す必要があります。

Q 165 スマホやタブレットからライブ配信したい！

#スマートフォン

A スマホやタブレットからライブ配信するには条件があります。

スマートフォンやタブレットでライブ配信をしたい場合、パソコンで配信するときとは違い、次のような条件があります。

- チャンネル登録者数が50人以上※
- 過去90日以内にチャンネルにライブ配信に関する制限が適用されていない
- チャンネルを認証している
- ライブ配信を有効にしている
- Android 5.0、iOS 8以降のデバイス

つまり、収益化ができることが条件になっています。収益化が可能なアカウントを持っていればスマートフォンやタブレットの「YouTube」アプリからライブ配信を行うことができます。

※チャンネル登録者数が50人以上1,000人未満の場合、視聴者数が制限される場合があります。また、アーカイブしたライブ配信はデフォルトで非公開に設定されます。

1 スマートフォンの「YouTube」アプリを起動して、＋をタップします。

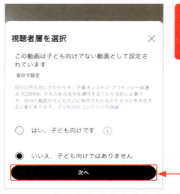

4 視聴者層の選択をして、[次へ]をタップします。

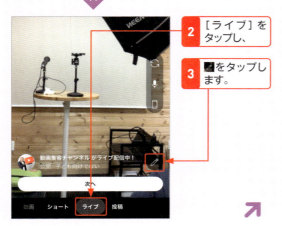

2 [ライブ]をタップし、

3 をタップします。

5 次の画面でサムネイルを設定し、[ライブ配信を開始]をタップすると、配信が開始されます。

第**6**章

ファンを獲得！
チャンネル
編集技

166 ▶▶ 167	チャンネルの基本
168 ▶▶ 178	カスタマイズ
179 ▶▶ 183	チャンネル紹介
184 ▶▶ 189	セクション
190 ▶▶ 191	コミュニティ
192	認証バッジ

≡ チャンネルの基本

166 チャンネルって重要なの？

A YouTubeで動画を公開し、再生回数を増やすためには、チャンネルを魅力的にすることが必須です。

● チャンネルは情報発信の拠点

YouTubeで動画を見ているときには、動画を公開している「チャンネル」の存在を意識せずに見ているユーザーが多いでしょう。しかし、いくつか動画を見たり、検索したりするうちに、よく見ている動画が同一のチャンネルから配信されていることに気が付くことがあります。そこで初めて、「チャンネル」の存在を意識するのではないでしょうか。検索などで動画に辿り着いた初見ユーザーをターゲットにしていては、動画の視聴者数を伸ばすことはできません。動画の発信の拠点である、チャンネルのファンになってもらうことが必要なのです。

● チャンネルの登録者数を増やすことが不可欠

チャンネルのファンになってもらうためには、テーマを絞った動画の継続的な公開が不可欠です。「自分の見たい、知りたい動画がこのチャンネルなら見ることができる」と思えば、視聴ユーザーはチャンネルを登録します。チャンネル登録をしたユーザーには、チャンネルが新しい動画を公開すると「新着動画」の通知が届き、自動的に新着動画の宣伝ができるようになります。

● 魅力的なチャンネルでチャンネル登録者を増やす

YouTubeで動画を見たユーザーが、その動画を発信しているチャンネルのホームページを訪れたとき、そのチャンネルに魅力を感じてもらえれば、チャンネル登録の可能性が高まります。もっと動画を見てもらえるように、チャンネルの整備をしていきましょう。

1 YouTubeで動画を見て、動画の内容やチャンネルに興味を持ったユーザーは、動画の下にあるチャンネル名をクリックします。

2 チャンネルのホームページが表示されます。

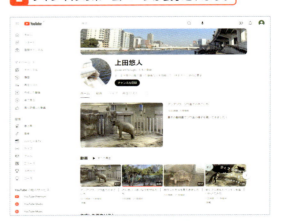

3 チャンネルの紹介動画や公開動画リスト、「概要」にあるチャンネルの説明文によって、どんな動画を公開しているチャンネルなのかを知ってもらえます。

チャンネルの基本

167 チャンネルの構成を知りたい！

 A チャンネルのアイコンをクリックして、チャンネルのホームページへ移動しましょう。

好きな動画の下にあるチャンネル名をクリックすると、動画を公開しているチャンネルのホームページへ移動できます。チャンネルのホームページでは、チャンネルの説明や登録者数、チャンネル管理者が公開している動画の再生リストなど、チャンネル管理者が発信しているすべての情報にアクセスできます。

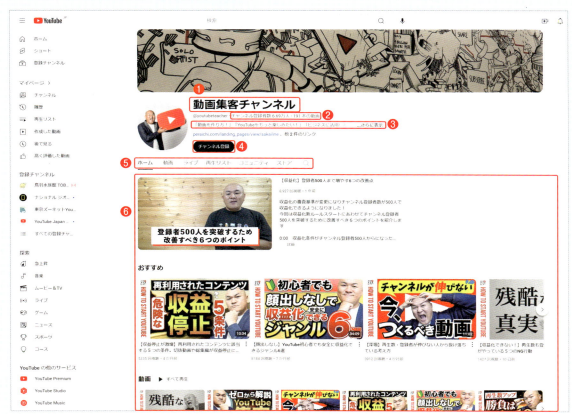

❶チャンネル名	チャンネルの名前です。
❷チャンネル登録者数と動画数	チャンネルに登録している人数と投稿動画数が表示されます。
❸チャンネル説明	[さらに表示]をクリックするとチャンネルの説明が表示されます。
❹チャンネル登録	クリックするとチャンネル登録できます。
❺チャンネルのメニュー	クリックすると、それぞれのメニューに移動できます。
❻アップロード動画	チャンネルにアップロードした動画が表示されます。

Q 168 チャンネルの設定を変更したい！

≒ カスタマイズ

A チャンネルの設定画面から「YouTube Studio」へ移動します。

チャンネルの設定を変更するには、「YouTube Studio」のページに移動します。

1 アカウントアイコンをクリックして、

2 [チャンネルを表示]をクリックします。

3 [チャンネルをカスタマイズ]をクリックします。

4 「YouTube Studio」のページに移動します。ここで、チャンネルの各種設定が行えます。

Q 169 チャンネルのプライバシー設定を確認したい！

≒ カスタマイズ

A チャンネルの「設定」から公開・非公開を設定できます。

自分が登録したチャンネルは、公開・非公開を自由に切り替えることができます。各チャンネルの[設定]→[プライバシー]から確認、変更することができます。

1 アカウントアイコンをクリックして、

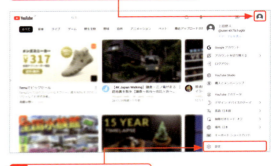

2 [設定]をクリックします。

3 [プライバシー]をクリックします。

4 チャンネルのプライバシー設定を確認できます。

Q 170 | チャンネルではどんなことを設定できる？

A チャンネルの「設定」から設定内容を確認できます。

チャンネルのホームページをカスタマイズすることによって、チャンネルならではのイメージを打ち出すことができます。

> チャンネルアートとプロフィールアイコンでは、チャンネルのイメージをビジュアルで伝えることができます。チャンネルアートは横に細長いスペースなので、効果的な画像を表示するためには工夫が必要です。

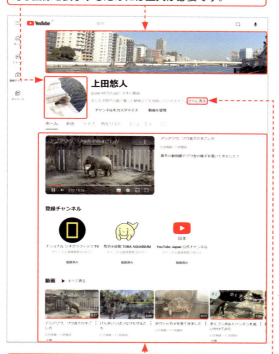

> 「セクション」では、最新のアップロード動画や登録チャンネル、再生リストなど、好きな項目を表示することができます。

> そのほか[さらに表示]をクリックすると、チャンネルの「概要」が表示されます。ここでは、チャンネルの説明や関連サイトへのリンク、連絡先のメールアドレスなどを掲載できます（Q.175参照）。

Q 171 | チャンネルアートを変更したい！

A 「YouTube Studio」の「プロフィール」で変更します。

チャンネルアートは、チャンネルのイメージに合わせた画像を表示することができます。著作権なども考えて、フリー素材かオリジナルの画像を使いましょう。画像は横位置で表示されるので、プレビューで確認して、見せたい部分が表示されるように調整することが必要です。フリーのデザインツール「Canva」（https://www.canva.com/ja_jp/）などを利用すると、チャンネルアートにピッタリのサイズのバナーが作成できます。

1 Q.168の手順で「YouTube Studio」のページに移動し、[プロフィール]をクリックして、「バナー画像」の[アップロード]をクリックします。

2 アップロードしたい画像を指定します。[開く]をクリックして画像を調整し、[完了]をクリックします。

3 バナー画像に指定した画像が表示されたら、右上の[公開]をクリックします。

Q 172 カスタマイズ
チャンネルアートで使える画像サイズやファイル容量を知りたい！

A 2,048×1,152ピクセル以上、6MB以下の画像を使用してください。

YouTubeは、パソコンだけでなくスマートフォンやテレビなど、さまざまなデバイスで視聴することができます。そのためチャンネルアートも、すべてのデバイスで表示されるように、適切な表示サイズの画像が求められます。YouTubeで推奨されているのは「2,048×1,152ピクセル（アスペクト比が16:9）」です。テレビの場合は「2,560×1,440ピクセル」が推奨されています。画像は大きなデバイスでは画面全体に表示されますが、一部のビューや端末などではトリミングされます。また、画像の容量は、6MB以下に抑える必要があります。なお、上記はあくまで推奨サイズのため、それ以外のサイズでもアップロードできる場合がありますが、「1,024×576ピクセル」以下の大きさではエラーが表示されます。

● アップロード画像の推奨サイズ

YouTubeで推奨されているサイズは「2,048×1,152ピクセル以上、6MB以下」です。

● アップロードできない場合

「1,024×576ピクセル」未満になると、エラーが表示され、アップロードできません。

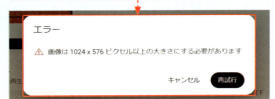

Q 173 カスタマイズ
チャンネルアート上にリンクを張りたい！

A ［リンクを追加］からリンクを設定します。

バナー画像には、Webページへのリンクを張り付けることができます。自分のWebサイトやInstagram、Xなど、チャンネルに関連するWebサイトのリンクを張りたいときに便利な機能です。下記の手順4の画面でメールアドレスを指定して、メールの宛先を張り付けることもできます。

1 自分のチャンネルページを表示して、［チャンネルをカスタマイズ］をクリックします。

2 ［プロフィール］をクリックし、

3 ［リンクを追加］をクリックします。

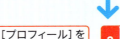
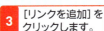

4 サイトのタイトルとURLをそれぞれのボックスに入力して、

5 ［公開］をクリックすると、チャンネルに反映されます。

Q 174 プロフィールアイコンを変更したい！

#カスタマイズ

A ［プロフィール］から
プロフィールアイコンをアップロードします。

顔出しをしているYouTuberは自分の顔写真をプロフィールアイコンとして表示している場合が多いです。顔出しをしない場合でも、自分のチャンネルの特徴がわかるようなアイコンを掲載するとよいでしょう。

1 自分のチャンネルページを表示して、［チャンネルをカスタマイズ］をクリックします。

2 ［プロフィール］をクリックし、

3 「写真」の［アップロード］をクリックして、アイコンにしたい画像を選択したら、切り抜く位置を調整し、［完了］をクリックします。

4 ［公開］をクリックすると、チャンネルに反映されます。

Q 175 チャンネルの説明を設定したい！

#カスタマイズ

A 「説明」にチャンネルの説明を入力します。

チャンネルの説明には、自分のチャンネルでどのような動画を投稿しているのかや、自己紹介、自分のSNSやブログのURLを掲載するとよいでしょう。

1 自分のチャンネルページを表示して、［チャンネルをカスタマイズ］をクリックします。

2 ［プロフィール］をクリックして、

3 「説明」にチャンネルの説明を入力し、

4 ［公開］をクリックします。

Q176 チャンネルにメールアドレスを追加したい！ =カスタマイズ

A 「連絡先情報」に、公開したいメールアドレスを設定します。

メールアドレスを設定しておくと、チャンネルの「概要」にある「チャンネルの詳細」に、メールアドレスが表示されるようになります。

1 自分のチャンネルページを表示して、[チャンネルをカスタマイズ] をクリックします。

2 [プロフィール] をクリックし、

3 「連絡先情報」でメールアドレスをクリックして、Gmail アドレスを選択、または表示したい別のメールアドレスを入力し、

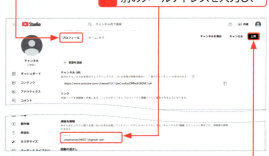

4 [公開] をクリックします。

5 [さらに表示] をクリックすると、

6 「チャンネルの詳細」に、「メールアドレスの表示」が追加されています。

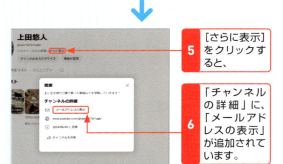

Q177 ほかのユーザーが見ている状態でチャンネルを見たい！ =カスタマイズ

A YouTubeアカウントをログアウトする必要があります。

カスタマイズが完了したら、一度ほかのユーザーからどのように見えているのか確認するとよいでしょう。YouTube からログアウトすると、自分のチャンネルがどのように見えるかを確認できます。

1 「チャンネルをカスタマイズ」のページを表示して、[プロフィール] をクリックしたら、「チャンネルURL」をドラッグしてコピーします。

2 YouTubeのページに戻って、右上のアカウントアイコンをクリックし、[ログアウト] をクリックします。

3 コピーしたURLを張り付け、[Enter] を押します。

4 ほかのユーザーが自分のチャンネルを見たときの状態を確認することができます。

Q 178 チャンネルを非表示にしたい！
≡ カスタマイズ

A YouTube Studioの「設定」からチャンネルを非表示にできます。

チャンネルを一時的に非表示にしたい場合は、「YouTube Studio」の［設定］から行います。チャンネルを非表示にすると、チャンネル名や投稿した動画、再生リスト、高評価、登録チャンネルなどのデータはすべて非公開設定になります。非表示にしたチャンネルを再度表示するには、復元したいアカウントでYouTubeにログインし、右上のアカウントアイコン→［チャンネルを作成］→［チャンネルを作成］の順にクリックすると復元されます。

1「YouTube Studio」を表示して［設定］をクリックし、
2 ［チャンネル］→［詳細設定］の順にクリックしたら、

3 ［YouTubeコンテンツを削除する］をクリックします。

4 パスワードを入力し、［次へ］をクリックしたら、

5 ［自分のチャンネルを非表示にする］をクリックします。

6 確認事項をよく読み、チェックを付けて、

7 ［自分のチャンネルを非表示にする］→［コンテンツを非表示にする］の順にクリックします。

Q 179 自分が登録したチャンネルを表示したい！
≡ チャンネル紹介

A ［すべての登録チャンネルを非公開にする］をオフにします。

自分が気に入って登録している「登録チャンネル」を、自分のチャンネルのページで公開することができます。反対に見せたくないときは、「非表示」に設定しましょう。

1 右上のアカウントアイコン→［設定］の順にクリックします。

2 ［プライバシー］をクリックして、

3 ［すべての登録チャンネルを非公開にする］をクリックしてオフにします。

4 チャンネルを表示すると、「ホーム」に自分が登録したチャンネルが表示されています。なお、セクション（Q.185参照）で「登録チャンネル」を追加している必要があります。

Q 180 おすすめチャンネルを公開したい！

≡ チャンネル紹介

A 「注目チャンネル」は、おすすめのチャンネルをグループ分けして公開できる機能です。

「YouTube Studio」の［セクションを追加］→［注目チャンネル］から、お気に入りのチャンネルを登録して「注目チャンネル」として公開することができます。

1 「YouTube Studio」を表示して［セクションを追加］→［注目チャンネル］の順にクリックします。

2 紹介するチャンネルのグループに好きな名前を付けます。

3 キーワード検索をして、紹介したいチャンネルにチェックを入れます。

4 ［完了］をクリックします。

5 カスタマイズのページに戻ると、「注目チャンネル」の項目に選択したチャンネルが表示されているので、［公開］をクリックします。

Q 181 チャンネル登録者向けにおすすめ動画を表示したい！

≡ チャンネル紹介

A ［スポットライト（戻ってきたチャンネル登録者向け）］から動画を選択します。

チャンネル登録者にとくに見てもらいたい動画を、チャンネルのページの目立つ位置に表示することができます。

1 YouTube Studioの「チャンネルのカスタマイズ」を表示し、［［ホーム］タブ］をクリックします。

2 「レイアウト」の［セクションを追加］をクリックします。

3 ［スポットライト（戻ってきたチャンネル登録者向け）］をクリックします。

4 追加したい動画をクリックして選択します。

5 「レイアウト」に指定した動画が表示されるので、［公開］をクリックすると、チャンネルのページに表示されます。

Q ≡ チャンネル紹介
182 新規訪問者向けにチャンネル紹介用の動画を表示したい！

A [チャンネル紹介動画] からチャンネル紹介用の動画を選択します。

初めてチャンネルに訪れたユーザーや、まだチャンネルに登録していない視聴ユーザーに向けて、チャンネル紹介用の動画を設定することができます。

1 自分のチャンネルページを表示して、[チャンネルをカスタマイズ] をクリックします。

2 [[ホーム] タブ] をクリックします。

3 「レイアウト」の [セクションを追加] をクリックします。

4 [チャンネル紹介動画] をクリックします。

5 表示したい動画をクリックして選択します。

6 「チャンネル登録していないユーザー向けのチャンネル紹介動画」に、指定した動画のサムネイル画像が表示されます。

7 [公開] をクリックします。

8 チャンネルの「ホーム」で、指定した動画が大きく掲載されるようになります。

Q = チャンネル紹介

183 チャンネル紹介用の動画はどんな内容にすればよい？

A どんな動画を公開しているチャンネルなのかが、明確に伝わる動画を作成しましょう。

「チャンネル紹介用の動画」とは、まだチャンネルに登録していないユーザーが、チャンネルのホームページを訪れた際に自動再生される動画のことです。チャンネルが発信する動画を継続的に見たくなるような内容の動画を公開して、チャンネル登録に結び付けましょう。

● チャンネル未登録ユーザーに紹介用動画が表示される

紹介動画で、チャンネルが発信する情報を紹介しましょう。

チャンネルのホームページに紹介動画を表示するには、Q.182の手順による設定が必要です。

● 紹介動画のコツ

チャンネル紹介用の動画は、このチャンネルではどのような動画を発信しているのか、また今後はどのような動画を発信していくのかがわかる内容が望ましいでしょう。

すでに公開した動画を短くまとめて、今後はこんな動画を公開していく予定、というところまで動画でアピールできれば、そのテーマに興味のあるユーザーがチャンネル登録をしたくなるかもしれません。

今後の公開予定動画の内容を、テロップ文字などで発信するのもよいでしょう。

紹介動画が長いと、「チャンネル内のほかの動画も見てみよう」という気持ちを引き出しにくくなります。できるだけ短い動画にするのがおすすめです。映画の予告編CMと考えて、ポイントを絞って動画をまとめましょう。

● 紹介動画　作成のコツ

①見るだけで、何についての動画を公開しているかが明確にわかる
②どんな情報が得られるかがわかる

動画タイトルやテロップも、何を伝える動画なのかがはっきりとわかることが大切です。

Q 184 セクションって何？

A 公開した動画を見やすいように
グループごとにまとめる機能です。

セクションの機能を利用すると、公開動画をセクションに分けて整理することができます。セクションは最大10まで作ることができます。チャンネル内の動画を探しやすくなるため、動画再生数のアップにもつながります。

「YouTube Studio」の「レイアウト」のカスタマイズで、セクションを追加できます。

セクションを追加すると、チャンネルのページの動画がセクションに分かれて表示されます。

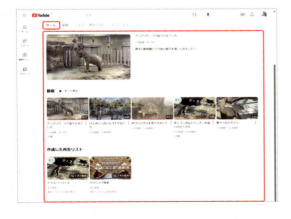

Q 185 セクションを追加したい！

A 「レイアウト」にある
[セクションを追加]から追加します。

「セクション」を追加することで、チャンネルのページで動画を整理して表示することができます。

1 「YouTube Studio」を表示して、

2 [セクションを追加]をクリックします。

3 メニューが表示されるので、追加したいセクションをクリックします。

4 手順**3**で追加したセクションが表示されます。

≡ セクション

Q 186 セクションを削除したい！

A セクションの右上にある をクリックして、セクションを削除します。

セクションはかんたんに削除することができます。YouTube Studioの[[ホーム]タブ]に登録したセクションが表示されているので、個々のセクションの右上の をクリックして削除します。

1 右上のアカウントアイコンをクリックして、

2 [チャンネルを表示]をクリックします。

3 [チャンネルをカスタマイズ]をクリックします。

4 [[ホーム]タブ]をクリックして、

5 削除したいセクションにマウスポインタを乗せて、をクリックします。

6 [セクションを削除]をクリックします。

7 削除したセクションが、非表示になります。

セクション

187 セクションの掲載順を変更したい！

A セクションは、掲載位置をドラッグ＆ドロップで並べ替えることができます。

チャンネルのホームページでは、通常、アップロード動画や公開動画のおすすめ動画が上部に表示されています。
おすすめ動画の表示・非表示を切り替えたり、「セクション」の掲載位置をドラッグ＆ドロップで移動したりすることで、レイアウトを変更し、チャンネルのアピール方法を変更することができます。

● セクションの掲載位置を変更

1 「YouTube Studio」を表示して、[［ホーム］タブ]をクリックします。

2 位置を移動したいセクションの≡を、移動したい位置へドラッグ＆ドロップします。

3 セクションの掲載順が変更されます。

4 チャンネルのページに戻ると、変更が反映されています。

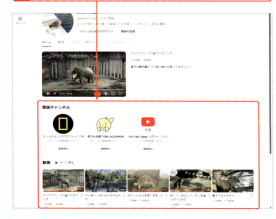

● 大胆なレイアウトも可能

定番の「動画」を下に移動し、「再生リスト」や「登録チャンネル」を上に持ってくるなど、アピールしたい動画を前面に出すこともできます。

1 YouTube Studioの「レイアウト」で、「再生リスト」と「登録チャンネル」のセクションを上の位置にドラッグ＆ドロップします。

2 「再生リスト」「登録チャンネル」の順に表示されます。

Q188 人気の動画をセクションに表示したい！

= セクション

A 再生回数の多い動画を選んでセクションに表示できます。

セクションのメニューの中にある「人気の動画」は、チャンネルの中で再生回数の多い動画をピックアップして紹介する機能です。再生回数の多い順に動画が表示されます。

1 「YouTube Studio」を表示して[[ホーム]タブ]をクリックします。

2 [セクションを追加]をクリックし、

3 [人気の動画]をクリックして選択します。

4 「レイアウト」に「人気の動画」のセクションが表示されます。

5 [公開]をクリックします。

Q189 再生リスト内の動画をセクションで表示したい！

= セクション

A 「セクションを追加」から再生リストを選択します。

セクションには、再生リストを指定して表示することができます。

1 Q.188手順 1〜2 を参考にセクションメニューを表示し、

2 [1つの再生リスト]をクリックします。

3 「再生リスト」の中から、セクションに表示したいリストをクリックして選択します。

4 [公開]をクリックします。

Q 190 コミュニティって何？

A 動画のほか、画像やテキストなどでコンテンツ投稿できる機能です。

「コミュニティ」とは、YouTube上で動画以外に画像やテキストなどを用いて投稿できる機能のことです。投稿を作成すると、画像やテキストはもちろん、アンケートやクイズ、GIFなども利用でき、視聴者との交流に役立てられます。ただし、アカウントが13歳未満の子ども用で保護者による管理がなされているチャンネルや、「子ども向け」に設定されているチャンネルでは利用できません。また、アカウント認証後、「上級者向け機能」を有効にすると、「長尺動画の説明とクリック可能のリンク追加」や「コミュニティ投稿へのコメント固定」などもできるようになります。

チャンネルの「コミュニティ」からコミュニティの投稿を確認したり、作成したりできます。

「コミュニティ」では、チャンネル運営者からの情報を発信できます。

Q 191 コミュニティへのコメントの可否を設定したい！

A YouTube Studioの「設定」からコメントの設定が可能です。

コミュニティ投稿へのコメント設定は「YouTube Studio」から行います。チャンネルのデフォルトのコメント設定を変更することで、コミュニティ投稿へのコメントも制限できます。なお、デフォルトのコメント設定は新しい動画とコミュニティ投稿に適用されます。既存の動画とコミュニティ投稿には反映されないため、コメントはできる状態のままです。

1 「YouTube Studio」を表示し、[設定]をクリックします。

2 [コミュニティ]をクリックし、

3 [デフォルト]をクリックします。

4 「チャンネルへのコメント」の[オフ]をクリックしてチェックを付け、

5 [保存]をクリックします。

Q 192 チャンネル認証バッジって何？

＃認証バッジ

A バッジが表示されているチャンネルは、YouTubeによって認証されていることを表します。

● 10万人以上のチャンネル登録者数が必要

大手企業や著名人、人気YouTuberの公式チャンネルを見ると、チャンネル名の右側に認証バッジが表示されていることがわかります。この認証バッジは、公式チャンネルであることを表す目印として利用されています。

この認証バッジは一般ユーザーが運営するYouTubeチャンネルでも取得できますが、チャンネル登録者が10万人に達している必要があります。この条件を満たしていれば、認証の申し込みを行えます。

① 認証には申し込みが必要

チャンネル登録者数が10万人を超えると、YouTubeに認証バッジのリクエストを送ることができます。YouTubeの審査後、問題がなければチャンネルに認証バッジが付与されます。気を付けなければならないのは、チャンネルの名前です。認証バッジを取得後、チャンネル名を変更するとバッジは消滅します。消滅後の再リクエストは可能です。

② 認証済みチャンネルの要件

認証の申し込みをすると、チャンネルが審査され、以下の条件をクリアしているかが確認されます。

○ 有名人や有名企業の名を騙った偽物のチャンネルでないこと。追加の情報や証明資料の提出を求められる場合もあります。

○ チャンネルが一般公開されていて、活動中であること。長期間新規動画をアップロードしていないと、問題になることもあります。

なお、YouTube以外でも広く認知されているチャンネルであれば、チャンネル登録者数が10万人未満であっても認証される場合があります。

● 認証のメリットは？

認証バッジを取得しても、何か機能が特別に追加されるなどの特典があるわけではありません。しかし、認証バッジが付くことは人気YouTuberの証明となります。また、類似するチャンネルの中でも第一人者として視聴ユーザーから評価されるでしょう。

10万人以上のチャンネル登録者がいて初めて、認証の申請をすることができます。申請が通ると、認証バッジが表示されます。

第7章

より多くの人に見てもらう！集客力アップ技

193 ▶▶ 201	集客
202 ▶▶ 205	サムネイル
206 ▶▶ 215	再生リスト・カード・終了画面
216 ▶▶ 221	外部サイト
222 ▶▶ 225	TikTok

Q 193 より多くの人に見てもらうには何をすればよい？

#集客

A しっかりと分析して改善していくことが大切です。

ただ動画を投稿しただけでは、動画の視聴者を増やすことはできません。視聴者を増やしたいなら、まずは現状をしっかりと分析して何が足りないのかを把握し、改善していく必要があります。魅力的なコンテンツを作るのはもちろんですが、視聴したくなるような環境を整え、最適化（VSEO）対策や外部サイトでの宣伝などを行ってチャンネルや動画の存在を周知していくことが大切です。

● コンテンツを見直す

魅力的なコンテンツは視聴者を惹きつけます。動画の内容はもちろんですが、「投稿頻度（Q.194参照）」「動画の時間（Q.195参照）」「タイトル（Q.196参照）」「サムネイル（Q.204参照）」に気を配ることで、さらに動画の質を高めることができます。

● 最適化（VSEO）対策を見直す

YouTube検索結果の上位に表示されるための最適化（VSEO）対策を行えば、YouTubeユーザーの目に触れる機会が大幅に増加します（詳細はQ.199～201参照）。

● 視聴環境を見直す

自分のチャンネルをカスタマイズして、見やすい環境を整えます。チャンネル登録や視聴回数増加を促すようなしくみを整えておくと、チャンネルの成長に大きく貢献してくれます（詳細はQ.204、206～215参照）。

● 宣伝方法を見直す

自分のサイト、ブログ、SNSなどのWebツールは、動画の宣伝に欠かすことができない存在です。動画を投稿したら必ず宣伝しましょう（詳細はQ.216～221参照）。

Q 194 どれくらいの頻度で投稿するとよい？

#集客

A 1週間に1～2回の投稿を目安にしましょう。

YouTubeでは「無理のない範囲で投稿してください」とアナウンスされています。仕事や学業の合間に動画を投稿する場合、毎日の投稿は難しいでしょう。目安としては、1週間に1～2本程度動画を投稿すると、チャンネルが成長しやすくなります。また重要なのは、投稿頻度よりも「動画の質」です。視聴者の反応がよい動画であれば、週1回の投稿でも、再生数、登録者数は伸びていきます。加えて、「視聴者維持率」や「クリック率」「総再生時間」などが、YouTubeのアルゴリズムではとくに重要視されています。まずは、無理のない範囲で動画の投稿を始めてみるとよいでしょう。

視聴者の反応がよい投稿者の動画は、検索結果の上位に表示されやすくなります。

Q 195 動画の時間は長いほどよい？

#集客

A コンテンツによって最適な時間が異なります。

YouTubeでは、動画の時間が長いほどアルゴリズムに有利に働くといわれています。YouTubeが公式で運営するクリエイターチャンネルでも、視聴者を魅了する内容で10分の動画と20分の動画があった場合、20分の動画のほうがユーザーの満足度が高いという見解が発表され話題になりました。つまり、YouTubeでは良質な情報を得るためなら長い視聴時間を惜しまないユーザーが多い傾向にあるのです。

ただし、視聴時間を稼ぐために無駄に長くすればよいというわけではありません。満足度の高い動画として評価される基準は、「平均視聴時間」と「視聴者維持率」です。ただダラダラと長い動画時間にするのではなく、視聴者に最後まで見てもらえるように、コンテンツに合った適正な長さにすることが大切です。時間に囚われるのではなく、動画で伝えたいことがどのくらいの時間でまとまるかを重視しましょう。

動画集客チャンネル
「【収益化の壁】総再生時間4000時間クリアを狙える視聴時間の長い動画の作り方」
https://youtu.be/CAW3l2E_r4k?si=Be7xGC2Po6OM3F2T
動画のジャンルによって最適な長さが異なります。自分が投稿する動画のジャンルの投稿者を参考にして、平均的な長さを把握しておきましょう。

Q 196 タイトルはどのくらいの長さがよい？

#集客

A 動画の内容を30文字程度に要約したタイトルがおすすめです。

YouTubeでは、最大で全角100文字以内の動画タイトルを付けることができます。検索結果に表示されるタイトルの文字数は画面の大きさや解像度によって異なりますが、スマホの場合は平均で全角30〜35文字程度、パソコンの場合は平均で全角60文字程度とされています。超過した文字数は「…」で表示されてしまいます。膨大な検索結果から視聴者を惹きつけるには、動画の内容が一目でわかることが大切です。そのため、どんな視聴環境でもタイトルの全文が表示されるよう、動画の内容を全角30文字程度に要約したタイトルが好まれる傾向にあります。さらに、メインのキーワードを一目で把握しやすいよう、前の方に配置するのがおすすめです。

● 文字数は30文字程度に収める

検索結果に表示されるタイトルの文字数は、パソコンとスマホでは異なります。近年はスマホから動画を視聴するユーザーが圧倒的に多いため、スマホの表示文字数を意識して30文字程度に収める必要があります。

● 動画の内容を要約する

サムネイルだけではどのような動画かわからないことも多いため、動画の内容を要約したタイトルを付けるとよいでしょう。たとえば、「△△して●●だった」といった、かんたんなあらすじのようなものでも構いません。さらに、メインのキーワードはできるだけ前方に配置すると目に入りやすいです。

Q 197 コメントには返信したほうがよい？ #集客

A コメントにはできる限り返信することをおすすめします。

YouTubeで視聴者と投稿者が唯一コミュニケーションを取れる場所がコメント欄です。動画に付いたコメントへこまめに返信することで継続して視聴者を獲得できるので、チャンネルを成長させるためには欠かせません。返信は長文である必要はなく、コメントに即した内容であることが大切です。コメントへのお礼も併せて記載すると、好印象を与えられます。

1 動画の再生ページを表示し、

2 コメントの右下にある[返信]をクリックします。

3 入力欄に返信内容を入力し、

4 [返信]をクリックすると、

5 返信が投稿されます。

Q 198 字幕を設定すると見てもらいやすくなる？ #集客

A 字幕ありの動画のほうが再生数が多い傾向にあります。

YouTubeの長期的なVSEO対策として、近年は字幕が注目されています。Discovery Digital Networksが実施した調査によると、同じ内容の動画のうち字幕ありの動画と字幕なしの動画では、再生回数は字幕ありの動画のほうが上回っていたそうです。ここでは、動画に字幕を付けるメリットを3つ紹介します。少々手間ですが大きなメリットが期待できるので、Q.128を参考にして可能な限り字幕を付けることをおすすめします。

● メリット1：検索結果上位に表示されやすい

YouTubeの検索結果は、テキスト情報が重視されます。字幕を付けることで多くの文字情報が追加され、多方面からの検索流入が期待できます。検索結果の上位にも表示されやすくなりますが、これはYouTubeに搭載されている字幕編集機能を使った場合です。動画に直接字幕を付けた場合はこの限りではありません。

● メリット2：海外の視聴者にも動画を楽しんでもらえる

私たち日本人は、日本語での動画を投稿している場合がほとんどです。そのため、動画の視聴者層は日本語を理解できる人がメインターゲットになります。しかし、日本語を話す人の数は英語や中国語を話す人の数と比べると大幅に少ないです。多言語に対応した字幕を付けることで日本語話者以外にも動画の内容が伝わりやすくなります。海外からの視聴者も獲得できる効果が期待できます。

● メリット3：聴覚障害者に情報を伝えられる

聴覚障害のある人々は動画の音が聞こえにくい分、動画によって伝えられる情報量が少なくなってしまいます。字幕を付けることで情報量が増え、動画の内容を理解しやすくなります。

Q199 検索で見つけやすくすることはできる？

#集客

A サジェストを調べて、タイトルや説明文に盛り込んでみましょう。

検索でヒットしやすくするためには、「VSEO対策」を行うことが大切です。VSEO対策とは、YouTubeの検索結果上位に表示するために、検索での使用頻度が高いキーワードをタイトルや説明文に盛り込むマーケティング手法のことです。まずは、YouTubeの検索ボックスにキーワードを入力すると右側に表示されるサジェスト（関連ワード）を調べてみましょう。調べたサジェストをタイトルや説明文に取り入れることで、検索結果に表示されやすくなります。

1 検索欄に動画のメインキーワードを入力すると、

2 サジェストが表示されます。

3 サジェストの中から動画に関連するキーワードを選定し、タイトルや説明文に盛り込みます。

猫　子供	猫　子供向け
猫　子供　仲良し	猫　子供を連れてくる
猫　子供好き	猫　子供を呼ぶ声
猫　子供　驚かす	猫　子供に優しい
猫　子供向けアニメ	猫　子供　見せにくる
猫　子供　遊ぶ	猫　子供　運ぶ
猫　子供呼ぶ声	猫　子供　寝る

Q200 タグを登録したい！

#集客

A 動画の編集画面から動画に関連するキーワードをタグとして登録できます。

YouTubeの動画には、動画に関連するキーワードをタグとして登録することができます。タグを登録すると視聴者が動画の内容を把握できるようになるだけでなく、検索結果の上位に表示されやすくなります。タグを追加するには、まず動画の詳細画面で［その他のオプション］をクリックします。タグの入力欄にキーワードを入力し、Enterを押すか「,」（カンマ）を入力すると、タグとして設定されます。

1 「動画の詳細」画面を表示し、

2 ［すべて表示］をクリックします。

3 「タグ」の入力欄にキーワードを入力し、キーワードのあとにEnterを押すか、「,」（カンマ）を入力します。

4 キーワードが灰色の四角で囲まれると、タグとして設定されます。そのほかのタグも、同様の手順で設定したら、画面右上の［保存］をクリックして完了です。

Q 201 説明文を最適化したい！

\#集客

A サジェストワードや関連リンクを盛り込んでみましょう。

説明文のVSEO対策は主に2種類あります。1つ目は、サジェストワードを盛り込むことです。YouTubeの検索ボックスにキーワードを入れると、右側にサジェストが表示されます。調べたサジェストを説明文に記載することで、検索結果に表示されやすくなります（Q.199参照）。

2つ目は、関連リンクを盛り込むことです。自分のチャンネルや関連動画などのリンクを説明文に記載します。これにより、チャンネル登録やほかの動画の再生数増加が期待できます。

● サジェストワードを記載する

1 検索欄に動画のメインキーワードを入力すると、

2 メインキーワードの右側にサジェストワードが表示されるので、動画に関連するキーワードを選定します。

3 動画の詳細画面を表示します。

4 「説明」の入力欄に、動画の内容とサジェストワードを入力します。

● チャンネルのリンクを記載する

1 YouTubeにログインした状態で、画面右上のアカウントアイコンをクリックし、

2 ［チャンネルを表示］をクリックします。

3 アドレスバーに自分のチャンネルのURLが表示されるので、コピーして説明文にペーストします。

● 関連動画のリンクを記載する

1 再生リストやシリーズの次の動画など、視聴者に見てほしい動画の再生ページを表示します。

2 アドレスバーに表示されているURLをコピーし、説明文にペーストします。

Q 202 | YouTubeサムネイルって何？

A YouTubeの動画一覧や検索結果に表示される、クリック可能な小さな画像のことです。

YouTube上で、おすすめ動画の一覧や検索結果画面に表示される、クリック可能な画像のことを「YouTubeサムネイル」といいます。YouTubeでは、サムネイルを追加することで、動画の内容を視聴者にひと目で伝えることができます。サムネイルは見られる動画に必要な要素のうちの1つで、思わず目を引くサムネイルは、視聴者がクリックして動画を見てくれる可能性が高まります。

YouTubeサムネイルは、動画をアップロードした際に自動生成（Q.118参照）されるほか、YouTubeサムネイル用の画像を作成（Q.203～205参照）してそれを適用することも可能です。

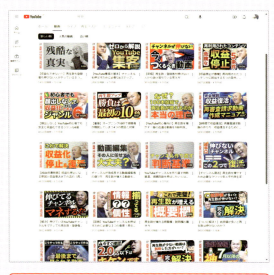

参考：「動画集客チャンネル（酒井祥正）」
http://www.youtube.com/@youtubeteacher

Q 203 | サムネイル用の画像を作成したい！

A グラフィック作成ソフトやオンラインサービスを使って作れます。

動画のサムネイル画像を自作するには、グラフィック作成ソフトやWebブラウザで作成できるオンラインサービスを利用します。

オンラインのグラフィック作成ツールには多彩な選択肢がありますが、ここではよく利用されている2つのツールを紹介します。どちらも、無料で利用できるYouTubeのサムネイル用テンプレートや素材が用意されています。

グラフィックソフトで自作する場合は、下記の画像サイズと解像度を参考にしましょう。

- 解像度: 1,280×720（最小幅 640ピクセル）
- 画像ファイル形式: JPG、GIF、PNG など
- 画像サイズ: 2 MB 以下（ポッドキャストの場合は10MB未満）
- アスペクト比: 16：9（推奨）

Canva
https://www.canva.com/ja_jp/

Adobe Express
https://www.adobe.com/jp/express/

Q 204　クリック率を上げるサムネイルを作るコツを知りたい！

\# サムネイル

A　画像サイズ、構図、文字に気を配って作成しましょう。

YouTubeでは、動画のタイトルよりもサムネイルが注目されます。よくクリックされるサムネイルの共通点といえば、とにかく目立っていることでしょう。サムネイル画像は、ひと目で内容がわかるよう、動画のハイライト部分を設定したり、タイトル文字やメインとなる被写体（人物や動物、アイテムなど）が大きく見て取れるように作成したりするのが基本です。その上で、太く見やすいフォントや、動画を見てみたくなる個性的なフォントを選んだり、オブジェクトの背景を切り抜いて明るい背景に差し替えたりするなど、視認性とデザイン性を高めると効果的です。

クリック率を上げるサムネイルを作成するコツには大きく分けて3つあります。1つ目はサムネイルのサイズです。規定のサイズよりも小さいとその分情報量が少なくなるため、クリックしてもらえません。2つ目は構図です。動画の内容が気になるような構図作りを心がけましょう。3つ目は文字です。どのような動画なのかを伝えるために、文字を入れて情報を追加すると効果的です。

参考：【クリック率アップ！】YouTubeの再生数が増える最新サムネイルワード100選
https://youtu.be/Ql4A7hqClfQ?si=kNcFXBXwKsiKgFOo

● サイズ

サムネイルは、1,280×720ピクセル（16：9）、容量2MB以下の画像が推奨されています。

● 構図

基本中の基本である「三分割構図」を意識しましょう。三分割構図とは、画面を縦横に三分割し、交点や線に対して被写体を配置する構図のことです。

● 文字

画像だけではわからない情報を文字で補足します。スマホユーザーを意識して、文字はできるだけ大きめのほうがよいでしょう。また、文字を縁取りすると背景から浮き立つのでより目立ちます。

Q 205 Canvaでサムネイルを作成したい！

\# サムネイル

A Canvaに新規登録して、テンプレートから選んで作成します。

Canvaには、YouTubeサムネイルのテンプレートが豊富に用意されています。テンプレートを活用すれば、初心者でも本格的なYouTubeサムネイルをかんたんに作成できます。ここでは、無料版Canvaを用いてYouTubeサムネイルを作成する方法を紹介します。

1 Webブラウザを起動し、Canva（https://www.canva.com/ja_jp/）にアクセスしたら、ログインまたは新規登録します。

2 「ホーム」画面が表示されるので、画面上部の検索欄に「YouTubeサムネイル」と入力し、[Enter]を押します。

3 YouTubeサムネイルのテンプレートが一覧で表示されます。使いたいテンプレートをクリックします。

4 [このテンプレートをカスタマイズ]をクリックします。

5 編集画面が表示されるので、画像やテキストなどを自由にカスタマイズします。

6 カスタマイズできたら、[ファイル]をクリックし、

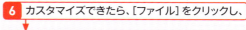

7 [ダウンロード]をクリックします。

8 [ダウンロード]をクリックすると、作成したサムネイル画像をパソコンに保存できます。

再生リスト・カード・終了画面

Q 206 別の動画を見てもらうには何をすればよい？

A 再生リスト、カード、終了画面、SNSなどを活用しましょう。

動画の再生回数を増やすには、自分の別の動画に誘導することが効果的です。視聴者からはチャンネルにどのような動画が投稿されているのかわからないため、「再生リスト」「カード」「終了画面」などを使って、次に視聴してほしい動画を提案しましょう。まったく関係のない動画をおすすめするのではなく、関連性のある動画やシリーズの続きの動画などを2～3個用意しておくと、その中から視聴者が見たい動画を選ぶことができます。また、新着動画の宣伝の際に別の動画へのリンクを併せて記載すると、相乗効果が期待できます。

● 再生リスト

関連性のある動画やストーリー性のあるシリーズ動画を再生リストにまとめることで、視聴者に連続して見てもらうことができます（詳細はQ.207～209参照）。

● カード

動画再生画面の上部に、任意のタイミングでおすすめの動画やメッセージを表示できます（詳細はQ.210、211参照）。

● 終了画面

動画の最後の終了画面に、別の動画へリンクするアイコンやチャンネル登録アイコンを配置することができます（詳細はQ.212～215参照）。

● SNS

XやFacebookなどのSNSで新着動画を宣伝する際、併せて別の関連動画へのリンクも記載すると効果的です（詳細はQ.218～221参照）。

Q 207 動画をシリーズ化するメリットは？

A 継続して動画を再生してもらいやすくなります。

動画をシリーズ化すると、続きが気になるユーザーが継続して再生してくれやすくなります。安定して視聴者を獲得できるので、チャンネル登録や関連動画の再生数増加に貢献してくれるメリットがあります。視聴者にシリーズ動画として認識してもらうためには、説明文やタイトルにシリーズであることを明記してアピールしたり、シリーズ動画を再生リストにまとめたりするなどの工夫が必要です。

● 説明文やタイトルに明記する

説明文やタイトルに、シリーズであることを明記します。番号を付けるとわかりやすくなります。

● 再生リストにまとめる

シリーズ動画を再生リストとしてまとめると、視聴者が続きを見やすくなります。説明文にリンクを張ったり、公式シリーズに設定したりすると有効です（詳細はQ.208参照）。

Q 208 「再生リスト」に動画をまとめたい！

A YouTube Studioから再生リストを作成しましょう。

視聴者に動画がシリーズであることを認識してもらうためには、再生リストでアピールする方法が効果的です。YouTube Studioを開き、［コンテンツ］をクリックします。これまでにアップロードした動画やライブ配信動画が一覧表示されるので、再生リストにまとめたい動画を順番に選択しましょう。［再生リストに追加］をクリックし、再生リストを選択すれば自分のチャンネルの動画をかんたんにまとめられます。

1 YouTube Studioで［コンテンツ］をクリックします。

2 再生リストにまとめたい動画にチェックを付けて、

3 ［再生リストに追加］をクリックします。

4 任意の再生リストを選択します。新しい再生リストにまとめたい場合は、［新しい再生リスト］をクリックして作成します。

5 ［保存］をクリックします。

Q209 チャンネルで「再生リスト」をアピールしたい！

A チャンネルのレイアウトをカスタマイズして再生リストをアピールします。

作成した再生リストを視聴者にアピールするためには、マイチャンネル画面で［チャンネルをカスタマイズ］をクリックし、ホーム画面をカスタマイズしてみましょう。［セクションを追加］をクリックし、作成した再生リストを選択するとホーム画面に表示されるようになります。新規訪問者向けと登録者向け、それぞれの視点でカスタマイズできるので、最適な再生リストを表示するようにしましょう。

1 Q.168手順 1～2 を参考に、「マイチャンネル」画面を表示し、

2 ［チャンネルをカスタマイズ］をクリックします。

3 ［［ホーム］タブ］をクリックし、

4 ［セクションを追加］→［1つの再生リスト］の順にクリックします。

5 「再生リストの選択」画面が表示されるので、表示したい再生リストをクリックして選択すると、チャンネルの「ホーム」画面で任意の再生リストが表示されます。

Q210 カードでほかの動画に誘導したい！

A 「カード」を活用して動画のリンクを埋め込みましょう。

関連動画や再生リストをアピールしたいなら、「カード」機能を利用してみましょう。任意の動画や再生リストへのリンクなどをチャンネル内の動画再生画面にポップアップカードとして埋め込み、視聴者を誘導できます。カードを設定するには、各動画の詳細画面で［カード］をクリックします。カードの種類を選択して、埋め込みたい動画や再生リストなどを選択しましょう。画面下部のインジケーターから、カードを表示するタイミングも設定できます。

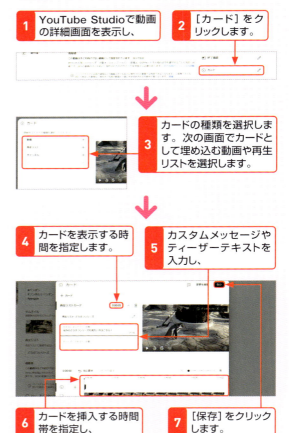

Q 211 魅力的なカードの テキストとは？

#再生リスト・カード・終了画面

A 動画の特徴に合わせた テキストを設定することが大切です。

カードには、「カスタムメッセージ」と「ティーザーテキスト」の2種類のテキストを任意で追加できます。カスタムメッセージは、再生画面右上の ⓘ をクリックすると動画・再生リスト一覧のすぐ下に表示されるメッセージです。ティーザーテキストは、動画再生中の指定した時間に表示されるメッセージです。どちらも設定しない場合は、動画や再生リストの名前が表示されます。それぞれの特徴を理解し、効果的なテキストを設定していくことが大切です。

● カスタムメッセージ

動画内では伝えきれなかった補足情報を設定すると効果的です。また、ホームページやブログへの誘導などプロモーションとしても活用されています。

● ティーザーテキスト

動画や再生リストに誘導するテキストを設定すると効果的です。最適なタイミングでキャッチーなコピーを表示すれば、視聴者に印象付けることができます。

Q 212 終了画面を活用する メリットとは？

#再生リスト・カード・終了画面

A ほかの動画への誘導やチャンネル登録を 促進し、チャンネル成長に貢献できます。

YouTubeでは、動画の再生が終わってから約5～20秒間、「終了画面」を表示させることができます。終了画面には、「動画」「再生リスト」へのリンクアイコンやチャンネル登録アイコンを埋め込むことができます。終了画面を設定することで、ほかの動画への流入やチャンネル登録を促進できるメリットがあります。チャンネルの成長に大きく貢献してくれるので、必ず設定しましょう。なお、終了画面のレイアウトは複数用意されているので、目的に合った配置を選びましょう。

チャンネル登録アイコン
チャンネル登録を誘導できます（詳細はQ.215参照）。

動画のリンク
特定の動画、最近アップロードした動画（自動）、視聴者に適した動画（自動）へのリンクを設定できます（詳細はQ.213参照）。

再生リストのリンク
指定した再生リストへのリンクを設定できます。

エンドカード
視聴してくれたことに対するお礼やチャンネル登録を促す静止画を終了画面に入れることができます（Q.214参照）。

Q213 終了画面でほかの動画を宣伝したい！

A 終了画面に動画のリンクアイコンを配置します。

終了画面には、特定の動画へのリンク、最近アップロードした動画へのリンク（自動）、視聴者に適した動画へのリンク（自動）アイコンを配置して、動画を宣伝できます。まずは、動画の詳細画面を表示し、[終了画面]をクリックします。[要素]から[動画]を選択し、動画の種類を選択します。アイコンをドラッグ＆ドロップして画面内の好きな場所に配置し、最後に[保存]をクリックするとリンクアイコンの設置が完了します。

1 YouTube Studioで動画の詳細画面を表示し、　**2** [終了画面]をクリックします。

3 [要素]をクリックして、

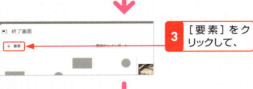

4 [動画]をクリックします。

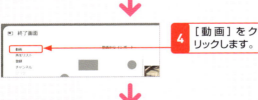

5 動画リンクの種類を選択して、

6 動画のリンクアイコンをドラッグ＆ドロップして任意の場所に配置し、　**7** [保存]をクリックします。

Q214 終了画面でチャンネル登録を呼びかけたい！

A チャンネル登録を促すエンドカードを挿入してみましょう。

YouTubeの人気クリエイターたちは、終了画面に「エンドカード」と呼ばれる静止画像を配置しています。エンドカードにチャンネル登録を促すメッセージなどを記載し、チャンネル登録アイコンと合わせて配置すると効果的です（詳細はQ.215参照）。作成したエンドカードは、動画の最後に配置します。終了画面の表示時間とズレがないように注意して配置しましょう。

● エンドカードを作成する

画像編集ソフトなどでエンドカードを作成します。チャンネル登録アイコンや動画リンクアイコンを配置することを想定してスペースを設けたり、アイコンの場所を強調するための矢印を配置したりします。

● 動画の最後にエンドカードを配置

動画編集ソフトで、動画終了後の5〜20秒間にエンドカードを挿入します。

● 終了画面でチャンネル登録アイコンを配置

YouTubeで終了画面の設定を表示し、チャンネル登録アイコンを配置します（詳細はQ.215参照）。

Q 215 終了画面にチャンネル登録アイコンを配置したい！

#再生リスト・カード・終了画面

A 終了画面の設定から配置できます。

動画の最後に表示される終了画面では、自分のチャンネル登録リンクを掲載した「チャンネル登録アイコン」を配置できます。まずは、動画の詳細画面を表示し、［終了画面］をクリックします。［要素］から［登録］を選択し、動画の種類を選択します。アイコンをドラッグ＆ドロップして画面内の好きな場所に配置し、最後に［保存］をクリックするとチャンネル登録アイコンの設置が完了します。なお、少なくとも1つの要素を動画か再生リストにする必要があります。

1 Q.213の手順 1 ～ 2 を参照して「終了画面」の設定を表示し、

2 ［要素］をクリックします。

3 ［登録］をクリックします。

4 チャンネル登録アイコンをドラッグ＆ドロップして任意の場所に配置し、

5 ここでは［ポップアップの概要を表示］をクリックしてチェックを外し、

6 ［保存］をクリックします。

Q 216 自分のブログやホームページで動画を紹介したい！

#外部サイト

A 共有機能で動画のURLをコピーし、ブログやホームページにペーストしましょう。

ブログやホームページでYouTubeの動画を宣伝したいなら、記事に動画のリンクを張ってみましょう。まず動画再生ページの［共有］をクリックします。ポップアップに動画のURLが表示されるので、［コピー］をクリックするとURLをコピーできます。コピーしたURLをブログやホームページの編集画面にペーストして投稿すると、動画ページの画像やタイトル、概要などがカード形式で表示される「埋め込み動画」（詳細はQ.217参照）が表示されます。

1 動画再生ページで［共有］をクリックし、

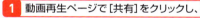

2 ［コピー］をクリックします。

3 ブログやホームページの記事編集画面で手順 2 でコピーしたリンクをペーストすると、

4 埋め込み動画が反映されます。

Q 217 外部サイトに埋め込みリンクを張りたい！

A 動画の埋め込みコードを発行して、外部サイトに埋め込みましょう。

外部サイトで動画を宣伝する場合は、動画の埋め込みコードを発行する方法もあります。埋め込みコードでは、再生画面の表示サイズや再生開始位置などをユーザーが自由にカスタマイズできます。まずは、動画ページで[共有]→[埋め込む]の順にクリックします。埋め込みコードの編集画面が表示されるので、必要に応じてウインドウの横幅や高さ、開始位置などを変更して埋め込みコードを発行します。あとは、コピーしたコードをブログやホームページの編集画面にペーストして投稿すると、「埋め込み動画」が反映されます。

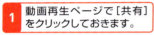

1 動画再生ページで[共有]をクリックしておきます。
2 [埋め込む]をクリックします。

3 必要に応じてウインドウの大きさなどを調整し、
4 [コピー]をクリックして埋め込みコードを発行します。

5 ブログやホームページの記事編集画面で手順4でコピーした埋め込みコードをペーストすると、
6 埋め込み動画が反映されます。

Q 218 SNSで動画を紹介するメリットとは？

A 投稿した動画をシェアしてもらい、幅広いユーザー層に広めることができます。

YouTubeの動画を宣伝するツールとして、今やSNSは欠かせない存在となっています。SNSはリアルタイムで多くのユーザーに情報を発信できるため、情報の拡散力が非常に優れています。シェアしてもらうことで新規視聴者を開拓できるのはもちろん、自分のチャンネル登録者に新着動画やお知らせをいち早く知らせることもできます。こうしたメリットを活かすには、それぞれのSNSの特徴を理解して使い分けることが必要です。

● X（詳細はQ.219参照）

URL https://x.com/

140文字以内のつぶやきを投稿できる日本最大級のSNSです。リアルタイムの情報発信に特化しているため、緊急時のインフラとしても注目されています。「いいね」や「リポスト」での拡散力は、SNSの中でも群を抜いています。

● Facebook（詳細はQ.220参照）

URL https://facebook.com/

世界でもっとも利用されているSNSです。匿名性が高いSNSの中では例外的に、実名での利用が前提となっています。自分とリアルの世界でもつながりのあるユーザーに対して情報を発信できます。日本では40代以上のユーザーが多いです。

Q 219 ＃外部サイト
Xで動画を紹介したい！

A YouTubeの共有機能を使って、Xに動画をシェアします。

Xで動画を宣伝する場合は、YouTubeの共有機能を活用しましょう。まずは、Xにログインしておきます。続いて、動画ページで［共有］をクリックし、［X］をクリックします。動画リンクが反映された状態でXの入力画面が表示されるので、必要に応じてテキストを編集して投稿します。すると、タイムラインに動画のサムネイル付きのツイートが反映されます。

1 シェアしたい動画ページを表示し、

2 ［共有］をクリックします。

3 ［X］をクリックします。

4 Xの投稿画面に切り替わります。

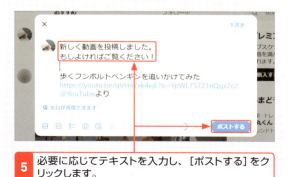

5 必要に応じてテキストを入力し、［ポストする］をクリックします。

Q 220 ＃外部サイト
Facebookで動画を紹介したい！

A YouTubeの共有機能を使って、Facebookに動画をシェアします。

Facebookで動画を宣伝する場合は、YouTubeの共有機能を活用しましょう。まずは、シェアする前にFacebookにログインしておきます。続いて、動画ページで［共有］をクリックし、［Facebook］をクリックします。動画リンクが反映された状態でFacebookの入力画面が表示されるので、必要に応じてテキストを編集して投稿します。すると、ニュースフィードに動画のサムネイル付き投稿が反映されます。

1 シェアしたい動画ページを表示し、

2 ［共有］をクリックします。

3 ［Facebook］をクリックします。

4 Facebookの投稿画面に切り替わります。

5 必要に応じてテキストを入力し、

6 投稿する範囲を設定して、

7 ［シェアする］をクリックします。

161

Q 221 ＝外部サイト
QRコードで動画の宣伝ってできる？

A QRコード作成サイトで動画リンクをQRコード化します。

外部サイトで動画の埋め込みができない場合は、QRコードの画像を張っておくと、Webサイトを見た人がQRコードからYouTubeで動画を見てくれるかもしれません。ブログやSNSなどのプロフィール欄にチャンネルのQRコードを張っておくとよいでしょう。

1 Q.216の **1**〜**2** を参考にして、動画のリンクをコピーします。

2 「クルクルManager（https://m.qrqrq.com/）」にアクセスします。

3 ［URL］をクリックし、 **4** 入力欄に手順**1**でコピーしたURLをペーストして、

5 ［作成］をクリックします。

6 ダウンロード形式を選択して、

7 ［ダウンロード］をクリックすると、QRコードをダウンロードできます。

Q 222 ＝TikTok
YouTubeとTikTokの違いって何？

A 主流とする動画の長さや収益化方法、視聴者層などが異なります。

YouTubeとTikTokの違いには大きく分けて3つあります。1つ目は、動画の長さです。YouTubeでは長尺の動画が多く、TikTokでは15秒〜10分程度の短い動画が中心に投稿されています。YouTubeにも、短い動画が投稿できる「YouTubeショート動画」（Q.052参照）がありますが、こちらは1分未満〜3分以内の動画のみが対象です。また、TikTokはスマートフォンのアプリから動画の視聴や撮影・投稿までできるため、動画のアスペクト比としては9:16（縦型）が主流です。2つ目は収益化方法で、YouTubeでは一定の条件を満たした上で広告収入で収益化するのに対し、TikTokは主にライブ配信で受け取った投げ銭の総金額の一部を収益として得られるシステムになっています。最後に視聴者層です。YouTubeは全世界で20億人以上のユーザーがいて、10〜60代と幅広い年齢層に利用されています。TikTokは全世界のユーザー数が10億人以上で、とくに10・20代を中心とした若い世代が多い動画プラットフォームです。TikTokは当初、ダンス動画などを投稿するアプリとして若者を中心に流行りましたが、近年では動画ジャンルの増加に伴い、ユーザーの年齢層にも変化が生じており、TikTok運用に参入する企業も増えています。

● **スマートフォン版TikTok**

TikTokではアプリを起動すると、縦いっぱいに動画画面が表示されます。上下にスワイプすることで短い動画が次々に再生されます。

Q 223 | # TikTok
TikTokからYouTubeへ誘導するメリットとは？

A YouTube動画の視聴回数を増やすきっかけや、新規視聴者を獲得できるチャンスになります。

YouTubeでは、ユーザーの視聴履歴に基づいておすすめの動画が表示されるしくみですが、TikTokの動画はランダムで再生されるため、あらゆるクリエイターの動画がいろんな視聴者に届きやすくなっています。そのため、YouTubeだけではいつも見てくれる視聴者や動画のジャンルに興味がある視聴者など特定の層にしかアプローチできませんでしたが、TikTokも併用することで、幅広い層への集客効果を期待できるようになるのです。また、TikTok動画は特徴的なアルゴリズムが採用されていることから情報拡散力に優れており、動画そのものの評価でユーザーに表示される回数が増えるしくみになっています。アカウントの評価やフォロワー数、いいねの数などに表示回数が影響されないので、運用を始める際にそのあたりの要素で不利になることがありません。ユーザーに認知されやすいTikTokでは、必然的に動画への反応も多くなるので、動画投稿のモチベーションにも繋げられるというよさもあります。

ただし、TikTokから誘導できたとしても、必ずしも実際のチャンネル登録やその先の収益化にまで直結するとは限りません。また、動画に使用している音源によってはTikTokに投稿した際、著作権に触れる場合もあるため注意しましょう（Q.224参照）。

● TikTokから誘導するときのメリット・デメリット

メリット	デメリット
・幅広いユーザーに見てもらいやすい ・情報拡散力がある ・動画への反応を得られやすく、モチベーションにも繋がる	・うまく誘導できない場合もある ・視聴回数やチャンネル登録者数に直結するとは限らない ・動画に用いる音源によっては著作権侵害になることもある

Q 224 | # TikTok
TikTokからYouTubeへ誘導するときの注意点は？

A 動画で使用する音源に注意します。

TikTok上で動画を作成・投稿する場合、「楽曲を選ぶ」から追加できる音源はTikTok内ではすべて自由に使用してよいものとされています。しかし、それ以外の音源を用いる場合、著作権違反になる場合があるため、事前にTikTok公式サイト（https://www.tiktok.com/creator-academy/）などをよく確認しておきましょう。TikTokで著作権違反に該当する具体的なケースとしては、「JASRACで管理されていない音源を利用する」「CD・カラオケ音源をそのまま利用する」「アニメ・ドラマ・映画の切り抜きを使用する」などが挙げられます。TikTokで著作権違反にならないために、使える音源は必ず把握しておきましょう。

● TikTokアプリで表示される「楽曲を選ぶ」

スマートフォン版TikTokの動画投稿画面では、［楽曲を選ぶ］をタップするとTikTok内で自由に使用できる音源を選択できます。

● TikTok公式サイト「TikTok クリエイターアカデミー」

Q # TikTok

225 TikTokとYouTubeを連携させたい！

A TikTokのプロフィール編集画面からYouTubeのリンクを追加できます。

スマートフォン版TikTokでは、プロフィール編集画面からほかのSNSのリンクを追加できるようになっています。TikTokアプリを起動したら、［プロフィールを編集］をタップし、「SNS」にある［YouTubeを追加］をタップします。Googleアカウントの選択画面が表示されるので任意のアカウントをタップして選択（もしくはログイン）したら、連携させたいチャンネルをタップして選択します。なお、TikTokアプリはAndroidは「Play ストア」（最初からインストールされている場合もあります）、iPhoneは「App Store」からインストールしてください。

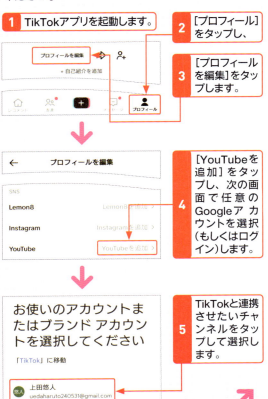

第 **8** 章

広告でしっかり稼ぐ！収益技

226 ▶▶ 233	収益化	
234 ▶▶ 241	広告	
242 ▶▶ 248	審査	
249 ▶▶ 256	広告設定	
257 ▶▶ 259	収益確認	
260 ▶▶ 263	その他の収益方法	

Q 226 YouTubeで稼ぐには、どんな方法があるの？

A 広告収入やチャンネルメンバーシップなど、複数の稼ぎ方があります。

YouTubeで稼ぐ方法にはいくつかの種類がありますが、代表的なものは広告収入です。一定の条件を満たして「YouTubeパートナープログラム」に参加することで、広告収入を得られるようになります。さらに、チャンネルメンバーシップやSuper Chat、グッズ販売などそのほかの収益機能も利用できるようになります。

● 広告収入（YouTube AdSense）

動画再生時に表示される広告の掲載料として支払われる収入です。広告形態にはいくつかの種類があります。

● チャンネルメンバーシップ

視聴者が月額料金を支払うことで、バッジや絵文字をはじめとした限定特典を得られる制度です。

● ショッピング

YouTubeチャンネル上で商品などを紹介し、視聴者が購入できる機能のことです。ストアとYouTubeを連携させることで商品の紹介や収益の獲得が可能になります。

● Super Chat／Super Stickers

ライブ配信時や動画のプレミアム公開時に、配信者に送ることができる投げ銭システムです。Super ChatやSuper Stickersを送ると、自分のコメントを目立たせることができます。

● Super Thanks

通常の動画に対して投げ銭できるシステムです。Super ChatやSuper Stickers同様、自分のコメントを目立たせることができます。

● YouTube Premiumの収益

YouTube Premiumのユーザーが動画や配信をした際に、広告収入とは別に新たな収益源としてその利用料金の一部を得ることができます。

Q227 収益化するのに条件ってあるの？ #収益化

A YouTubeが提示する基準を満たす必要があります。

YouTubeで収益を得るには、「YouTubeパートナープログラム」に参加する必要があります。YouTubeが提示する6つの前提条件と2つの参加条件を確認しましょう。

● 前提条件

1 YouTube収益化ポリシーの遵守
チャンネルガイドライン、利用規約、著作権を遵守し、かつ広告掲載に適した動画が投稿されている必要があります。

2 パートナープログラム対象国・地域に在住
日本は対象国なので問題ありません。日本以外の地域に住んでいる場合は確認する必要があります。

3 コミュニティガイドラインの違反警告がない
たとえば、当事者からのプライバシー侵害の申し立てや裁判所命令などがあればYouTubeでのコミュニティガイドライン違反に該当します。

4 Googleアカウントで2段階認証設定済み
パスワードが盗まれたときに備え、アカウントセキュリティを強化するためのものです。Googleアカウントから設定を行えます。

5 YouTubeの上級者向け機能の利用資格がある
電話番号認証をし、中級者向け機能が有効になっていると、上級者向け機能の利用資格も有効になります。

6 Google AdSenseアカウント所持
広告収入の受け取りに必要なGoogle AdSenseアカウントとYouTubeアカウントを紐付けておく必要があります。なお、Google AdSenseアカウントの取得には審査があるため、早めに手続きしておくことをおすすめします。

● 参加条件

1 総再生時間4,000時間以上
公開動画が直近12か月間で4,000時間以上視聴されている必要があります。

2 チャンネル登録者数1,000人以上
チャンネル登録者が1,000人以上必要です。

Q228 YouTubeショート動画でも収益化できる？ #収益化

A YouTubeが提示する基準を満たせば収益化可能です。

2021年に登場したYouTubeショート動画は、2023年2月から収益化可能になりました。通常の動画と同様にYouTubeが提示する6つの前提条件（Q.227参照）を満たし、「YouTubeパートナープログラム」へ参加する必要があります。なお、YouTubeショート動画の収益は、通常の動画とは別に計算されるしくみになっていて、YouTubeショート動画での広告収益の45％が収益化を行っているクリエイターに支払われます。YouTubeショート動画で収益化を目指すメリットとしては、「動画の収益化にチャレンジしやすい」「通常の動画より視聴されやすい」「ほかのSNSに動画を再利用できる」などが挙げられます。

● YouTubeショート動画での参加条件

1 視聴回数1,000万回以上
公開ショート動画が直近90日間で1,000万回以上視聴されている必要があります。

2 チャンネル登録者数1,000人以上
チャンネル登録者数が1,000人以上必要です。

● YouTubeショートの収益化ポリシー

YouTubeショート動画の収益化について詳しくは「https://support.google.com/youtube/answer/12504220?hl=ja」も参照してください。

＝収益化

229 広告収益のしくみを知りたい！

A 動画内広告の再生回数やクリック数、表示数に応じて支払われます。

YouTubeパートナープログラムに参加しているクリエイターたちの多くは、広告収益で稼いでいます。広告収益は、まず広告主（スポンサー）がYouTubeの運営元であるGoogleに広告出稿を依頼します。

するとGoogleがYouTubeの動画に広告を掲載し、その広告費の中から動画投稿者に掲載料が支払われるしくみです。広告単価は公表されていませんが、広告の種類や視聴者層によって変動します。

● YouTube広告収益のしくみ

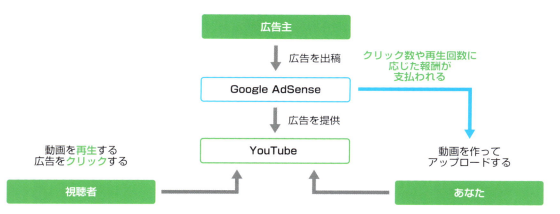

● クリック数、表示数に応じて支払われる

動画ページの右上に表示される動画再生フィード広告は、広告をクリックしてもらうことで、動画の前後や途中で表示される最長6秒間のバンパー広告は、表示数に応じて掲載料が発生します。

● 再生回数に応じて支払われる

インストリーム広告は、再生回数に応じて掲載料が発生します。30秒間（30秒未満の広告の場合は最後まで）視聴したか、30秒経過する前に動画を操作した場合、再生数がカウントされます。

Q230 収益化に必要なものって何？

A 広告掲載に適した動画、AdSenseアカウントなどが必要です。

収益化するためには、事前に準備しておくものが3つあります。1つ目は、広告掲載に適した動画です。チャンネルガイドライン、利用規約、著作権を遵守した動画を制作しましょう。2つ目は、Google AdSenseのアカウントです。YouTubeでの収益は、主に広告収入に依存します。AdSenseアカウントを取得し、YouTubeアカウントを紐付けておきましょう。3つ目は、2段階認証です。Googleアカウントで2段階認証を有効にしておかないと、審査に時間がかかる場合があります。

● 広告掲載に適した動画

チャンネルガイドライン、利用規約、著作権を遵守した動画を複数投稿している必要があります。

● Google AdSenseアカウント

YouTubeでの広告収益を得るためには、Googleが提供する広告サービス「Google AdSense」のアカウントを取得してYouTubeと紐付けることが最低条件となっています。

● 2段階認証

Googleアカウントへの不正ログインを防止できる「2段階認証」を有効にしておく必要があります。

Q231 Google AdSenseって何？

A 広告がクリックされることで収益を得られるしくみです。

Google AdSenseとは、Webサイトやブログ、動画などにGoogle AdSenseのタグを張り付けることによって、視聴しているユーザーに対して自動で最適な広告が表示され、広告がクリックされるたびに収益を受け取ることができるというものです。ユーザーによって表示される広告が異なり、なおかつそのユーザーがよく検索しているキーワードや閲覧しているWebサイトに合わせて広告を表示してくれるので、クリックされる可能性が高い収益方法の1つです。表示される広告によって広告費が異なりますが、だいたいは1クリックにつき30円〜90円が多いとされています。Google AdSenseを利用するには、Googleによる厳正な審査があり、審査基準は厳しいといわれています。YouTubeで利用する場合は、プログラムポリシーを必ず順守する必要があります。

Google AdSense
https://www.google.co.jp/adsense/start/

Q 232 収益を得るまでの流れを知りたい！

≠収益化

A 収益化の条件を満たしたら、「YouTube Studio」の [収益化] から審査を申し込みましょう。

Q.227を参考に、収益化の条件を満たすことを確認できたら、早速収益化を申し込んでみましょう。まずは、YouTube Studioを表示し、メニューから[収益化]をクリックします。審査可能な状態になると「パートナー プログラム利用規約を確認する」という画面が表示されるので、[開始] をクリックします。利用規約に同意したら、AdSenseアカウントとYouTubeチャンネルを紐付けします。チャンネルは複数紐付けできるので、サブチャンネルもリンクしておきましょう。紐付けが完了すると、審査待ちの状態になります。審査には時間がかかるので、結果の連絡が来るまで普段通り投稿を続けていきましょう。

1 YouTube Studioを表示し、[収益化]をクリックして、[申し込む]をクリックします。

2 [開始]をクリックして、

3 [規約に同意する]をクリックします。

4 「Google AdSenseに申し込む」の [開始]をクリックします。

5 AdSenseアカウントとチャンネルを接続して、[関連付けを承認] をクリックします。

6 チャンネルが審査待ちの状態になります。

※ここまでの手順画面は2021年5月時点のものです。現在は文言が変更されている場合があります。画面の指示に従って操作してください。

条件を満たしたら通知してほしい

収益化審査には時間がかかるので、条件を満たしたらすぐに審査申し込みしたい人も多いのではないでしょうか。そんなときは、通知機能を活用しましょう。YouTube Studioを表示してメニューから [収益化] をクリックし、[通知を受け取る] をクリックします（Q.004参照）。チャンネル登録者数と総再生時間が収益化の条件を満たすと、いち早くメールで通知してくれるようになります。

Q 233 広告収入の支払い時期を知りたい！

#収益化

A 当月の収益額は、翌月の21～26日に支払われます。

YouTube広告収入の支払い時期は、Google AdSenseのスケジュールに準拠します。1～31日までの1か月間でどのくらい視聴者に広告が見られたのか、クリックされたのかが集計され、翌月のはじめに収益額が決定します。収益額の支払い時期は、ユーザーの在住国や週末・祭日、支払い方法によって異なります。たとえば、日本のパートナープログラム参加者でもっとも一般的な銀行口座振込の場合、21～26日に支払い処理が行われ、振込から7営業日以内に受け取ることができます。

● 支払いのスケジュール（銀行口座振込）

> 支払いの最低金額は？
> 広告収入をもらうための最低金額は、国によって異なります。日本の場合は最低でも8,000円以上に達していないと受け取ることができません。基準を満たしていない月の報酬はくり越しになります。

Q 234 表示される広告の種類は？

#広告

A 動画の前、途中、後や動画プレイヤーの横に表示される広告などがあります。

5分以上の動画で収益化を有効にすると、「スキップ可能なインストリーム広告」「スキップ不可のインストリーム広告」などが適宜視聴者に表示されるようになります。また、8分を超える動画では「ミッドロール広告」を有効にすることで、広告の挿入点を設定できます。なお、動画プレイヤー外部（パソコンではプレイヤーの横、スマホではプレイヤーの下）に表示される広告は「動画再生フィード広告」といい、表示の有無をユーザーが独自で設定することはできません。また、端末やプラットフォームによっては表示されない広告の種類もあります。

● インストリーム広告（詳細はQ.235参照）

対象：パソコン・スマホ・タブレット・テレビ・ゲーム機

動画内に挿入される動画広告です。基本的に一定時間再生しないと、動画の続きを見ることができません。スキップ可能または不可のインストリーム広告を有効にしている場合、「バンパー広告」（Q.237参照）も有効になります。
8分以上の動画では「ミッドロール広告」（Q.236参照）を有効にでき、動画の途中で広告を表示させることができるようになります。

● 動画再生フィード広告（詳細はQ.238参照）

対象：パソコン・スマホ・タブレット

動画プレイヤーの右側（スマホではプレイヤーの下側）に表示される広告です。ユーザー側で広告の表示／非表示を設定できません。

Q 235 ＝広告
インストリーム広告って何？

A 動画視聴時に自動再生される動画広告のことです。

YouTube広告の1つである「インストリーム広告」は、動画視聴時に自動再生される動画広告です。動画広告には、5秒視聴すればスキップできる「スキップ可能な動画広告」、最後まで視聴しないと動画を視聴できない「スキップ不可の動画広告」、最長6秒間スキップできない「バンパー広告」の3種類があります。動画での収益化を有効にすると、「スキップ可能な動画広告」や「スキップ不可の動画」「バンパー広告」がプレロール広告（動画再生前に表示される広告）やポストロール広告（動画再生後に表示される広告）として自動で選択され、挿入されます。どのように広告が選択・挿入されるかは、快適に視聴できるかどうかや、クリエイターの収益のバランスなどで選択されます。

● インストリーム広告のメリット

・強制的に表示されるため、全広告形態の中でもっとも視聴されやすい
・スキップ不可の動画広告は確実に広告収入が発生する
・すべてのデバイスで表示される

● インストリーム広告のデメリット

・視聴を邪魔するため、途中で離脱されやすい
・頻繁に挿入すると反感を持たれやすい

● インストリーム広告の活用方法

どのタイミングでどの広告フォーマットが挿入されるかは、動画に応じて適宜YouTube側で判断されますが、ミッドロール広告（Q.236参照）の場合は広告の挿入位置を手動で設定するか、自動的に設定するかを選択できます。視聴者の動画視聴を邪魔しない適切なタイミングで広告を表示させることは、視聴者離れを起こさないためにも重要です。

Q 236 ＝広告
ミッドロール広告って何？

A 動画の再生途中に表示される広告のことです。

インストリーム広告の中でも、動画の途中で再生される動画広告を「ミッドロール広告」といいます（動画の再生前に流れる広告は「プレロール広告」、再生後に流れる広告は「ポストロール広告」です）。YouTubeでは、収益化を有効にしていると、8分以上の動画でミッドロール広告を表示できます。初期状態では、YouTube側で動画内の自然な切れ目に自動で広告が挿入されていますが、個別に挿入点を設定することも可能です（Q.254参照）。

● ミッドロール広告のメリット

・動画を途中まで見てもらっているので、最後まで見てもらいやすい
・視聴者が離脱しにくい

● ミッドロール広告のデメリット

・途中で再生される広告が多くなると、視聴者に邪魔だと思われる
・楽しく動画が視聴できないと、動画やチャンネルそのものにマイナスイメージを持たれる可能性がある

● ミッドロール広告の活用方法

ミッドロール広告は動画の途中で再生されるため、視聴者の離脱を防ぎやすいものの、快適な動画視聴を妨げない最適な位置で挿入することがポイントです。必要に応じて、動画の収益化設定からミッドロール広告の挿入点を手動で設定しましょう（Q.254参照）。また、チャンネルに投稿する動画の内容（エクササイズや瞑想など）によって、ミッドロール広告が適していないと判断した場合は、無効にすることもできます。

Q 237 バンパー広告って何？

A 最長6秒のスキップできない動画広告のことです。

インストリーム広告の中でも、最長6秒のスキップできない短い動画広告を「バンパー広告」といいます。バンパー広告では、最後まで動画を再生しないと、続きの本編動画を視聴できません。広告は動画の再生前、再生中、再生後のいずれかに挿入される仕様です。バンパー広告では、目標インプレッション数の達成のほか、URLなどをクリックされた際に広告収入が発生します。

● バンパー広告のメリット

・広告動画をすべて視聴してもらえる
・最長6秒と短尺の動画広告のため、視聴者にストレスを与えにくい

● バンパー広告のデメリット

・再生時間が短いので、視聴者がリンクをクリックする前に広告が終了してしまう可能性がある

● バンパー広告の活用方法

スキップ可能またはスキップ不可な広告を有効にしていると、バンパー広告も有効になります。8分以上の動画の場合は、ミッドロール広告として表示される場合もあるので、必要に応じて挿入位置を手動で設定するとよいでしょう。

Q 238 動画再生フィード広告って何？

A 動画プレイヤーの右側に表示される広告のことです。

YouTube広告の1つである「動画再生フィード広告」は、動画プレイヤーの右側（スマホ版では動画プレイヤーの下側）に表示される静止画・テキスト広告です。広告がクリックされると、収入が発生しますが、YouTube Studioでは設定できません。

● Webブラウザで表示した場合

● スマートフォンで表示した場合

Q239 YouTubeショート広告って何？

#広告

A YouTubeショート動画の合間に表示されるスキップ可能な広告のことです。

YouTubeショート動画の広告は、YouTubeショート動画画面で表示されます。ショート動画の合間で表示される動画や画像で、スクロールまたはスワイプすれば次の動画を視聴することができます。ショート動画収益化モジュールに同意した収益化パートナーのみが、YouTubeショート動画で広告収入を得ることが可能です。なお、YouTubeショート広告は、ショート動画の合間にランダムで表示されます。ショート動画から広告を設定できないため、自分のチャンネルでYouTubeショート動画をアップして収益化を目指す場合は、アップロードするショート動画の種類をしっかり検討したうえで、継続的に投稿を続けましょう。アップロードするショート動画には必ずオリジナルのコンテンツを盛り込み、なおかつ広告掲載に適したコンテンツのガイドライン（詳しくは、「https://support.google.com/youtube/answer/6162278」を参照）を遵守することが、YouTubeショート動画の収益分配を確実に受け取るための最善の方法といわれています。

YouTubeショート広告は、ショート広告の合間にランダムで表示されます。スクロールまたはスワイプで次の動画にスキップ可能です。

Q240 そのほかの広告フォーマットについて知りたい！

#広告

A インフィード動画広告、マストヘッド広告、アウトストリーム広告があります。

YouTube上で表示されるGoogle広告のフォーマットには、動画の収益化で表示できる広告以外にも種類があります。ここでは主な3つを紹介します。1つ目は「インフィード動画広告」で、YouTubeのホーム画面や関連動画の横、検索結果画面に表示され、サムネイル画像とテキストで構成されています。2つ目は「マストヘッド広告」で、パソコンやスマホなど、端末によって表示のしくみが異なります。パソコンの場合、YouTubeのホーム画面上部に最大30秒間音声なしで自動再生されます。3つ目は「アウトストリーム広告」です。スマートフォンやタブレットなどモバイル専用の広告で、YouTubeアプリではバナーやインタースティシャル、インフィードなどさまざまな形式で表示されます。

● インフィード動画広告

● アウトストリーム広告

Q 241 # 広告
スマホでは広告はどう表示される？

A スマホの画面に最適化された状態で表示されます。

スマホの画面はパソコンと比べると小さいため、「インストリーム広告」(Q.235参照)や「バンパー広告」(Q.237参照)は、スマホの画面に最適化された状態で表示されます。近年はスマホからの視聴者が大多数に上るため、広告収入を効率よく得るためにはインストリーム広告を上手く活用する必要があります。

● スマホ版のインストリーム広告

動画再生時に表示されます。スキップ可能な動画については、一定時間視聴後に［スキップ］をタップすることで非表示にできます。

● スマホ版のバンパー広告

動画再生時に表示されます。「動画はまもなく表示されます」と表示されており、スキップすることはできませんが、一定時間経過すると動画の再生が始まります。

Q 242 # 審査
パートナープログラムの査定基準を知りたい！

A 年齢制限とガイドラインに注意しましょう。

YouTubeパートナープログラムは、単純にお金がもらえるだけのシステムではありません。テレビ番組と同様にスポンサーの看板を背負うことになるため誰でも参加できるわけではなく、YouTubeが定める基準を守ったクリエイターであると認められる必要があります。収益化方法により、資格要件は異なりますが、審査には、主に2つの要件が重要視されます。1つ目は、18歳以上の年齢制限が設けられていることです。これはYouTubeの年齢制限コンテンツの基準年齢に合わせたものと思われます。18歳未満のユーザーは、Google AdSense経由での支払いに対応できる保護者がいれば収益化可能です。2つ目は、広告掲載に適したコンテンツのガイドラインに準拠した動画を作成していることです。視聴者に不快感を与えるような動画や悪影響を与えるような動画は、広告掲載に相応しくないと判断され、収益化は許可されないでしょう。ガイドラインの詳細については、Q.243で解説します。

> 「YouTubeで収益を得るには」
> https://support.google.com/youtube/answer/72857?hl=ja
> YouTubeパートナープログラムのルールは、昨今の問題や影響を踏まえて年々厳格化されつつあります。収益化を申し込む前に、「YouTubeヘルプ」の収益化に関する項目や注意事項を確認しておきましょう。

Q ≡ 審査

243 収益化できないコンテンツってどんなもの？

A 不適切な表現や暴力描写のある動画は収益化が認められません。

収益化するにはYouTubeの審査が必要となります。審査の際に重視される項目の1つが、YouTubeが提示する「広告掲載に適したコンテンツのガイドライン」を守ったコンテンツを作成しているかどうかです。たとえば、放送禁止用語が含まれた動画や暴力描写のある動画などは広告掲載に適していないとみなされ、収益化が通らない可能性があります。ここでは、ガイドラインの事例を紹介します。確実に収益化するために、該当する表現はできるだけ避けてコンテンツを制作しましょう。

● 不適切な表現

冒涜的または下品な表現をくり返し使っているコンテンツが該当します。

> 例）放送禁止用語、差別的・中傷的な表現など

● 暴力

不快感を与える表現や画像、暴力行為を含むコンテンツが該当します。ゲームなどの創作物や報道ニュース的なコンテンツでの表現であれば、許容される場合もあるようです。

> 例）人間や動物の血液、内臓、流血、体液、暴力行為全般、訃報、惨事、殴打や蹴りなど（格闘技を除く）、狩猟、動物虐待、法執行機関と暴行、スポーツ試合での身体的な攻撃またはけが、戦争と紛争、未成年者への暴力など

● アダルトコンテンツ

生々しい性的行為および性的表現、性的内容を想起させるコンテンツが該当します。

> 例）ヌード、性的行為（ぼかしや暗示も含む）、性的なコンテンツが含まれる動画のサムネイル（テキストやリンクも含む）など

● 衝撃的なコンテンツ

動揺や不快感、衝撃を与える可能性のあるコンテンツは広告掲載に適していないと判断されます。

> 例）身体部位・体液・排泄物・医療処置・美容施術など

● 有害な行為や信頼できないコンテンツ

心身に悪影響のあるコンテンツ、有害行為や危険行為を助長するコンテンツが該当します。

> 例）一般的な有害または危険行為、失敗のコンピレーション、いたずらとチャレンジ、有害な誤情報、電子タバコとタバコ、アルコール、外国のテロ組織など

● 差別的または中傷的なコンテンツ

特定の個人やグループに対する差別行為や言動を含むコンテンツが該当します。

> 例）保護対象グループ（人種、民族や出自、国籍、宗教など）に対する誹謗を目的とする発言など

● 扇動的、侮辱的なコンテンツ

特定の個人やグループに対する、悪意を扇動するコンテンツなどが該当します。

> 例）特定の個人・グループを辱める、侮辱する、名指しで罵る、中傷する、名誉毀損など

● そのほか広告掲載に適さないトピック

「危険ドラッグや薬物に関連するコンテンツ」「銃器に関連するコンテンツ」などのトピックが挙げられます。詳しくは、「https://support.google.com/youtube/answer/6162278?hl=ja」を参照してください。

Q ＃審査
244 ミッドロール広告を設定したい！

A YouTube Studioからミッドロール広告の設定ができます。

審査に通ってパートナープログラムに参加できたら、YouTube Studioの［収益化］にアクセスし、オプションのモジュールごとに［使ってみる］をクリックし、利用規約を確認して同意します。収益化を有効にすると、「スキップ可能なインストリーム広告」「スキップ不可のインストリーム広告」などが適宜表示されるようになります。基本的に、どの広告を掲載するかはユーザー側で指定できませんが、「ミッドロール広告」（Q.236参照）のみ、YouTube Studioの［設定］→［アップロード動画のデフォルト設定］から、今後アップロードするすべての動画に一括で設定することが可能です。設定をオンにすると、デフォルトでミッドロール広告が自動的に配置されるようになります。

5 ［動画の途中（ミッドロール）に広告を配置］をクリックしてチェックを付け、

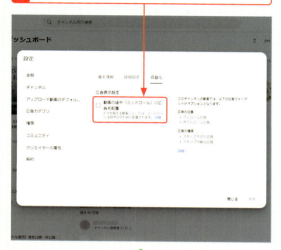

1 YouTube Studioを表示し、

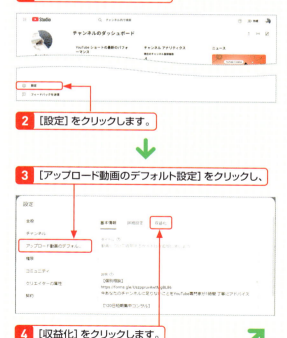

2 ［設定］をクリックします。

3 ［アップロード動画のデフォルト設定］をクリックし、

4 ［収益化］をクリックします。

6 ［保存］をクリックします。

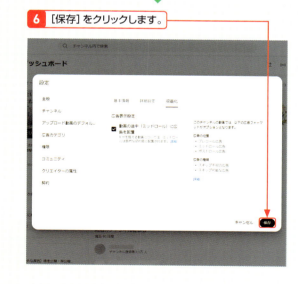

Q 245 審査の通過はどうやってわかる？

A YouTube Studioの[収益化]から確認できます。

YouTubeパートナープログラムの審査状況は、YouTube Studioの左側のメニューで[収益化]をクリックすると確認できます。まだ審査中の場合は「チャンネルは審査中です」というステータスメッセージが表示されます。収益化が認められると、「収益化」画面から収益化を設定できるようになります。

1 YouTube Studioを表示し、

2 [収益化]をクリックします。

3 審査状況が表示されます。

※上の画面は2021年5月時点のものです。現在は文言が変更されている場合があります。

Q 246 審査はどれくらいで結果が来る？

A 平均1か月程度とされています。

YouTubeパートナープログラムの審査期間は、応募後から1か月程度と公表されています。しかし、応募者が多い場合は遅延する場合もあります。条件を満たしているのに1か月以上経っても連絡がない場合は、Q.247を参考に、再度応募してみるとよいでしょう。

通常は、収益化が承認されると1か月以内に以下のような通知が届きます。

※上の画面は2021年5月時点のものです。現在は文言が変更されている場合があります。

最低でも公式で発表されている1か月間は待ってから、コンテンツやVSEO対策を見直して再審査に臨みましょう。

Q247 #審査
なかなか審査に通らないんだけど…

A 収益化ポリシーとコミュニティガイドラインを再確認しましょう。

近年はYouTubeパートナーズプログラムの審査基準が厳しくなり、なかなか審査に通らない人が続出しています。「再利用されたコンテンツ」など、結果連絡のメッセージに不承認のおおまかな理由が記載されている場合もありますが、基本的に具体的な理由は教えてくれません。そのため、何を改善してよいかわからない人も多いのではないでしょうか。YouTube公式によると、チャンネル収益化が認められない原因の大半が、収益化ポリシーおよびコンテンツガイドラインに則ったコンテンツではないと判断されていることのようです。不承認のメールが送信されてから30日経過すれば再度応募できるようになるので、まずは収益化ポリシーとコミュニティガイドラインを再確認し、YouTubeが求める要件に近付けるようコンテンツ制作を見直しましょう。

● YouTubeのチャンネル収益化ポリシー

https://support.google.com/youtube/answer/1311392

● コミュニティガイドライン

https://www.youtube.com/howyoutubeworks/policies/community-guidelines/#community-guidelines

Q248 #審査
複数チャンネルの収益化にAdSenseアカウントは複数必要?

A 1人1アカウントが原則なので、作成する必要はありません。

サブチャンネルを収益化する場合も、メインチャンネル申請時と同じく、AdSenseアカウントと紐付ける必要があります。その際、新たにAdSenseアカウントを取得する必要があるのか、疑問に思われる人もいるのではないでしょうか。AdSenseアカウントは、原則として1人1アカウントまでと決められています。そのため、サブチャンネルを紐付ける際もメインチャンネルで紐付けた既存のAdSenseアカウントと同じものを使用して構いません。紐付けできるチャンネルの個数制限は設けられていないので、安心して同じAdSenseアカウントを使用できます。

重複アカウントとみなされる
複数のAdSenseアカウントを所持していると、重複アカウントとしてパートナーズプログラムの審査が不承認になってしまいます。また、既存のAdSenseアカウントとは別に、新たに作成しようとしている審査中のAdSenseアカウントも重複アカウントの対象とみなされてしまいます。

重複アカウントが原因で審査落ちした場合の対処方法
重複アカウントが原因で審査に落ちた場合は、既にチャンネルに紐付けられたAdSenseアカウント以外のアカウントを停止する必要があります。停止が反映されるまでに10日ほどかかります。

Q ＃広告設定

249 動画ごとに広告を設定したい！

A 動画ごとに有効／無効を切り替えられます。

YouTube Studioのメニューから［コンテンツ］をクリックし、任意の動画にマウスポインタを合わせて$をクリックします。「収益化」のプルダウンメニューで［オン］または［オフ］をクリックして選択すると、広告設定を切り替えられます。

1 YouTube Studioを表示し、

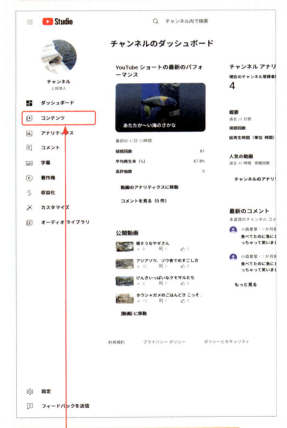

2 メニューから［コンテンツ］をクリックします。

3 任意の動画にマウスポインタを合わせて、$をクリックします。

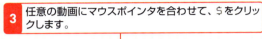

4 「収益化」のプルダウンメニューをクリックし、［オン］または［オフ］をクリックして選択します。

5 ［保存］をクリックします。

Q 250 表示させる広告を選びたい！

広告設定

A 広告を有効にすると、インストリーム広告やバンパー広告などが適宜表示されます。

パートナープログラムに参加し、新しくアップロードした長尺動画で広告を有効にすると、プレロール広告、ポストロール広告、スキップ可能な広告、スキップ不可の広告が適宜表示されるようになります。なお、8分以上の収益化対象の動画では、動画の途中（ミッドロール）にも広告を表示でき、自動か手動かで設定可能です（Q.254参照）。ここではデフォルトの設定でミッドロール広告を無効にする方法を紹介します。

● ミッドロール広告をデフォルトで無効にする

1 YouTube Studioを表示し、

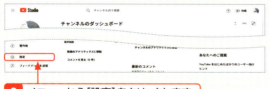

2 メニューから[設定]をクリックします。

3 [アップロード動画のデフォルト設定]→[収益化]の順にクリックし、

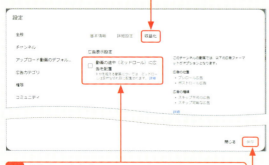

4 [動画の途中（ミッドロール）に広告を配置]をクリックしてオフにします。

5 [保存]をクリックします。

Q 251 動画再生フィード広告を非表示にしたい！

広告設定

A 動画再生フィード広告を非表示に設定することはできません。

動画プレイヤー（パソコンでは右側、スマホでは下側）に表示される「動画再生フィード広告」（Q.238参照）は、画面の専有面積が比較的大きい広告です。視線が広告に行きやすくなるため、動画視聴を邪魔するとして好ましく思わない人も多いようです。しかし、残念ながらパートナープログラム参加者が動画再生フィード広告を非表示に設定することはできません。Webブラウザの拡張機能として、サードパーティー製の「AdBlock（アドブロック）」をインストールすることで非表示にすることはできますが、推奨はされていません。

> Microsoft EdgeやGoogle ChromeなどのWebブラウザに「AdBlock（広告ブロック）」の拡張機能をインストールすれば、ある程度ディスプレイ広告を非表示にすることは可能です。ただし、視聴者に推奨するものではありません。

Q252 スキップ不可のインストリーム広告のメリットは？

A ほぼ確実に広告収益が発生するなど、さまざまなメリットがあります。

スキップ不可のインストリーム広告は、最大15〜30秒間、強制的に再生される広告フォーマットです（Q.235参照）。ここでは、この広告フォーマットのメリットを解説していきます。

● ほぼ確実に広告収入が発生する

通常のインストリーム広告では、5秒経過すると［スキップ］ボタンが現れます。クリックするとスキップできるため、30秒以上視聴してもらえるケースはさほど多くありません。それに対してスキップ不可のインストリーム広告は再生されるたびに課金されるシステムとなっているので、ほぼ確実に広告収入を得られます。

● 挿入箇所をユーザーが指定できる

8分以上の動画には、動画の途中でインストリーム広告（ミッドロール広告）を自由に挿入できます。必ずしもスキップ不可のインストリーム広告が表示されるわけではありませんが、より多くの広告収益を得たいなら活用しない手はありません。

● 広告主の費用対効果が大きい

スキップ不可のインストリーム広告は、通常のインストリーム広告よりも長い時間視聴者にアプローチできます。費用対効果が大きいことから広告主にも好まれているため、広告単価が高めに設定されています。

Q253 スキップ不可のインストリーム広告のデメリットは？

A 多用すると視聴者離れを招いてしまう恐れがあります。

Q.252ではスキップ不可のインストリーム広告のメリットを解説しましたが、当然デメリットも存在します。ここでは、この広告のデメリットを解説していきます。

● スキップ不可のインストリーム広告だけを指定できない

YouTube Studioの「コンテンツ」から動画再生ページ広告を有効にすると、動画について標準的な審査（自動審査または人間による審査）が行われます。ガイドラインに準拠しているかどうか確認されたあと、自動的にインストリーム広告が動画の前や後などに表示されるようになります。しかし、スキップ不可のインストリーム広告だけを指定することはできません。スキップ可能なインストリーム広告も混在して表示されます。

● ユーザーの視聴を邪魔する

スキップ不可のインストリーム広告は、スキップ可能なインストリーム広告よりも長く視聴しないと動画の続きが見られないことから、動画の視聴を一定時間邪魔します。あまりに多用するとまともに視聴できなくなるので、視聴者離れを招いてしまいます。途中で挿入する場合は、回数や挿入のタイミングを見計らって手動で設定するとよいでしょう（Q.254参照）。

● 広告内容によってはイメージダウンになる

インストリーム広告は、動画の内容、現在地、ユーザーの検索履歴・視聴履歴などから最適な広告が自動的に選定されます。ただし、必ずしも視聴者が興味を持ちそうな広告が表示されるわけではありません。関心のない広告が強制的に表示されると、視聴者にとっては非常にストレスがたまります。さらに、広告の内容次第ではチャンネルのイメージダウンにもつながる恐れがあります。

Q 254 スキップ不可のインストリーム広告を設定したい！

広告設定

A スキップ不可のインストリーム広告だけを指定することはできません。

動画の「収益化」画面で有効に設定すると、インストリーム広告が再生されます。しかし、スキップ不可のインストリーム広告だけを指定することはできません。どちらが再生されるかは、自動的に判断されます。スキップ不可のインストリーム広告の表示確率を上げたい場合は、動画の途中（ミッドロール）にインストリーム広告を設定するとよいでしょう。ミッドロール広告は8分以上の動画に適用され、自動または手動で設定できます。

● ミッドロールを自動で設定する

1 Q.249の手順 **1** ～ **3** を参考に、任意の動画の［収益化］を表示します。

2 ［動画の途中（ミッドロール）に広告を配置］をクリックしてチェックを付けます。

● ミッドロールを手動で設定する

1 上の手順 **2** の画面で［配置を確認する］をクリックし、

2 ［ミッドロール挿入点を追加］をクリックして、

3 広告の開始時間を入力するか、挿入したいタイミングまでバーをドラッグします。

Q 255 プロダクトプレースメントって何？

広告設定

A プロモーション動画であることをアピールするための機能です。

YouTubeの動画には、「プロダクトプレースメント（有料プロモーション）」という特殊な広告フォーマットがあります。これは、特定の企業の商品やサービスを宣伝するために、企業とYouTubeクリエイターがコラボレーションして制作したプロモーション動画であることを視聴者に開示するためのフォーマットです。プロダクトプレースメントはYouTubeへの申告義務があり、申告していない動画にはYouTubeからペナルティが科せられる可能性があります。

● 特殊なメッセージが表示される

プロダクトプレースメントでは、動画開始から数秒間、プレイヤーの左上に「プロモーションを含みます」というメッセージが表示され、通常の動画との違いがわかるようになっています。

● 競合広告が表示されなくなる

プロダクトプレースメントを設定した動画には、競合企業の広告は表示されません。たとえば、ゲームアプリのプロダクトプレースメントの場合は、ほかのゲームアプリの広告が表示されなくなります。

● 子ども向け動画サービスには表示されない

YouTubeの子ども向けサービス「YouTube Kids」には、プロダクトプレースメントが表示されません。子どもの誤購入を防止できます。

183

Q # 広告設定

256 プロダクトプレースメントを設定したい！

A ［私の動画には、プロダクト プレースメント～］にチェックを付けます。

企業から依頼を受けて制作した有料プロモーション動画は、YouTubeに申告してプロダクトプレースメントを設定する義務があります。まずは、YouTube Studioで［コンテンツ］をクリックし、該当する動画を選択します。続いて、［すべて表示］を選択し、［私の動画には、プロダクト プレースメント、スポンサーシップ、おすすめ情報などの有料プロモーションが含まれています］にチェックを付けます。［保存］をクリックすると、動画にプロダクトプレースメントが設定されます。なお、プロダクトプレースメントの設定義務は、パートナープログラムに参加していないユーザーにも同様に発生するので注意しましょう。

1 YouTube Studioを表示し、

2 メニューから［コンテンツ］をクリックします。

3 該当する動画にマウスポインタを合わせて をクリックし、

4 ［すべて表示］をクリックします。

5 ［私の動画には、プロダクト プレースメント、スポンサーシップ、おすすめ情報などの有料プロモーションが含まれています］にチェックを付け、

6 ［保存］をクリックします。

合わせて設定しておきたい項目
有料プロモーションであることをより視聴者にアピールするなら、概要欄に企業や商品・サービスのURLを記載したり（Q.201参照）、「カード」で商品・サービス・企業のリンクを掲載したりしておきましょう（Q.210、211参照）。

収益確認

257 広告収益を確認したい！

A YouTube Studioの[アナリティクス]メニューから確認できます。

YouTubeで得たこれまでの広告収入を確認したい場合は、YouTube Studioにアクセスし、メニューから[アナリティクス]をクリックします。さらに、上部メニューから[収益]をクリックすると、月ごとの推定収益額をグラフや数値で確認できます。また、ショート動画やストアでの売り上げも確認できるようになっています。ただし、YouTube上ではあくまでも推定額しか確認できません。確定収益額は、Google AdSenseの[設定]で[お支払い情報]をクリックすると確認できます。なお推定額と確定額には、差異が生じる場合もあります。

● 推定収益額を確認する

1 YouTubeを表示して、右上のアカウントアイコンをクリックします。

2 [YouTube Studio]をクリックします。

3 メニューから[アナリティクス]をクリックします。

4 上部のメニューで[収益]をクリックすると、

5 月別推定収益レポートなどが表示されます。

Q258 AdSenseに振込口座を登録したい！

\# 収益確認

A 基準額に到達すると、支払い方法を登録できるようになります。

YouTubeで得た広告収入の支払いを受け取るには、Google AdSenseに支払い方法を登録する必要があります。支払い方法は全5種類用意されていますが、日本では一般的に銀行口座振込が選択されています。支払い方法登録の基準額となる1,000円以上に達したら、Google AdSenseにアクセスし、銀行口座情報を登録しましょう。なお、支払い方法を登録しても、8,000円以上の収益がないと振込はされません。

1 Google AdSenseにアクセスし、AdSenseアカウントにログインします。

2 [お支払い]→[お支払い情報]の順にクリックします。

3 [お支払い方法を追加]をクリックします。

4 銀行口座情報を入力し、

5 [保存]をクリックします。

Q259 収益化が無効になることってある？

\# 収益確認

A YouTubeのポリシーに違反すると収益化が停止される場合があります。

著作権のある動画・画像・音楽などを了承なく使用したコンテンツをアップロードしていたり、広告掲載に適したコンテンツのガイドラインやYouTube収益化ポリシーに違反していたりすると、収益化が停止される場合があります。収益化停止を解除するには「再申請」または「再審査」を行います。

● 再申請を行う

再申請とは、ポリシー違反など問題がある動画を削除して、健全なチャンネルになったことをYouTubeに申請し、確認してもらうことです。再申請までの流れは以下の通りです。
①収益停止のメールがYouTubeに届く
②YouTube Studioにログインし、「収益化」画面で違反理由を確認
③違反していると思われる動画などをすべて削除
④メールの受け取りから30日後に再申請が可能
なお、④の再申請に通らなかった場合、次の再申請は90日後になります。

● 再審査を行う

再審査では、収益停止の判断に誤りがあると思った場合にYouTubeに再チェックを依頼できます。再審査の方法には2つあります。詳しくは、以下の動画を参考にしてください。
①ポリシー違反していないことを動画で伝える
②「収益化」画面のクリエイターサポートから問い合わせ

参考：【2024年最新版】収益化停止になる原因と収益復活までの流れ（再申請・再審査請求）
https://youtu.be/njTe45MLd8w?si=4Z-8Z8nq7jFEjuNK
「再申請」「再審査」それぞれのやり方やポイントなどがまとめられています。事前に確認しておきましょう。

Q 260 | Super Thanksって何？

その他の収益方法

A 通常の動画に投稿できる有料コメントのことです。

ライブ配信中に配信者へ送ることができるSuper Chat（投げ銭システム）に対し（Q.159参照）、Super Thanksは通常の動画に投げ銭できるシステムです。日本では2022年4月からスタートしたシステムで、Super Chatと同様に自分のコメントやアカウント名を目立たせることができます。視聴者は、動画投稿者がSuper Thanks機能を有効にしている場合（Q.261参照）、動画の下にある[Thanks]ボタンから有料コメントを好きなタイミングで送れるようになっています。Super Thanksは、動画を収益化しているチャンネルであれば有効化できますが、以下の動画またはショート動画では利用できません。

- ・限定公開
- ・非公開
- ・子ども向け
- ・Content IDの申し立てが行われている長尺動画またはショート動画
- ・YouTube Givingの募金活動をしている長尺動画またはショート動画
- ・ライブ配信中またはプレミアム公開中の動画（※配信後、アーカイブされた動画では利用可能）
- ・コメント機能がオフになっている長尺動画またはショート動画

Super Thanksを有効にしている動画では、動画プレイヤーの下に[Thanks]ボタンが表示されます。

Q 261 | Super Thanksを設定したい！

その他の収益方法

A YouTube Studioの[収益化]から設定できます。

Super Thanksは、YouTube Studioの[収益化]から設定することができます。なお、収益化していないチャンネルの場合は、[収益化]をクリックすると異なる画面が表示されます。

1 YouTube Studioを表示し、[収益化]をクリックします。

2 [Supers]をクリックし、

3 「Super Thanks」の ● をクリックしてオンにすると、Super Thanksが有効になります。

Q 262 チャンネルのメンバーシップを設定したい！

その他の収益方法

A YouTube Studioの[収益化]から設定できます。

チャンネルメンバーシップ（Q.059参照）は、視聴者が月額料金を支払うことでチャンネルのメンバーになり、バッジや絵文字、そのほかのアイテムなどといったメンバー限定の特典を得られる制度です。チャンネルメンバーシップの利用を開始するには、まず資格要件や提供地域、ポリシー、ガイドラインなどを確認します。次に、チャンネルメンバーシップを有効にして、チャンネルメンバーシッププログラムの特典とレベルを作成します。チャンネルメンバーシップの有効化は、YouTube Studioの[収益化]から設定することができます。なお、収益化していないチャンネルの場合は、[収益化]をクリックすると異なる画面が表示されます。

1 YouTube Studioを表示し、[収益化]をクリックします。

2 [メンバーシップ]をクリックし、

3 [始める]をクリックして画面の指示に従って進めます。

4 初回は画面の指示に従って、課金型製品モジュール（CPM）に署名します。

Q 263 ショッピング機能って何？

その他の収益方法

A YouTubeで商品などを宣伝し、視聴者が購入できるシステムのことです。

YouTubeショッピング機能を利用すると、クリエイターは自身のストアやほかのブランドの商品をYouTube上で宣伝することができます。自身の商品（グッズなど）を宣伝する場合と、ほかのブランドの商品を宣伝する場合とでは少し手順が異なるので、資格要件などと合わせて事前に利用方法を確認しておくとよいでしょう。YouTubeショッピング機能を利用するには、以下の資格を満たしている必要があります。

- YouTubeパートナープログラムに参加している
- チャンネルがYouTubeパートナープログラムのチャンネル登録者数の条件を満たしている、または公式アーティストチャンネルである
- 子ども向けではない、子ども向けに設定された動画の数が多くない
- ヘイトスピーチに関するガイドラインの違反警告を受けていない

「YouTubeのショッピング機能を利用する」
https://support.google.com/youtube/answer/12257682?sjid=14566340170086246053-AP#
自分の商品を宣伝する場合と、ほかのブランドの商品を宣伝する場合とでは利用設定が異なります。利用を検討するなら、YouTubeヘルプで関連する項目を確認しておきましょう。

第 **9** 章

動画を改善！
情報分析技

264 ▶▶ 283	分析
284 ▶▶ 292	改善
293 ▶▶ 295	広告

Q 264 # 分析
YouTubeアナリティクスって何？

A YouTubeが公式で公開している動画解析機能のことです。

YouTubeアナリティクスとは、チャンネルや動画を分析するためのさまざまな情報集計ツールの総称です。リアルタイムで更新される情報を把握することで、動画制作の改善や今後のチャンネル運営に役立たせることができます。YouTubeアカウントを持っていれば、無料で利用できます。YouTubeアナリティクスの表示方法や各項目の詳細は、Q.265以降を参照してください。

● チャンネルアナリティクス

動画の視聴者層や、動画に対する視聴者からの反応などを、グラフや数値などのデータで把握できます。

● 動画個別のアナリティクス

個別の動画のデータを参照できます。反応の良かった動画や悪かった動画などのデータを参照し、視聴者がどのような動画を求めているのかを分析できます。

Q 265 # 分析
YouTubeアナリティクスを表示したい！

A YouTube Studioの［アナリティクス］メニューから表示できます。

パソコンでは、YouTube Studioの左側のメニューから［アナリティクス］をクリックすると、YouTubeアナリティクスを表示できます。スマホからYouTubeアナリティクスを確認したい場合は、Q.343を参照してください。

1 YouTubeのホーム画面でアカウントアイコンをクリックし、

2 ［YouTube Studio］をクリックします。

3 左側のメニューから、［アナリティクス］をクリックします。

4 YouTubeアナリティクスが表示されました。

266 アナリティクスレポートの種類を把握したい！

A 詳細モードから10種類のレポートを確認できます。

YouTubeアナリティクスでは、「詳細モード」を利用することで、各アナリティクスのより詳しいデータを確認できます。「詳細モード」画面を表示するには、Q.265を参考にYouTubeアナリティクス（チャンネルアナリティクス）を表示し、画面右上にある［詳細モード］をクリックします。なお、動画個別のアナリティクス（Q.278参照）でも詳細モードを表示できます。

Q.265を参考に、YouTubeアナリティクスを表示したら、画面右上の［詳細モード］をクリックします。

● 詳細モードの各レポート

コンテンツ	投稿した動画やライブ動画ごとの視聴回数などを確認できます。
トラフィックソース	視聴者が動画を検索する際に使用したサイト（トラフィックソース）などを確認できます。
地域	動画の視聴者がどの国や地域からアクセスしているのかを確認できます。
都市	視聴者がどの都市からアクセスしているのかを確認できます。
視聴者の年齢	動画の視聴者の年齢層ごとのデータを確認できます。
視聴者の性別	動画の視聴者の性別ごとのデータを確認できます。
日付	動画の視聴回数や総再生時間などを、1日・1週間・1ヶ月・1年単位で確認できます。
コンテンツタイプ	動画やショート動画などのコンテンツタイプごとに視聴回数などを確認できます。
再生リスト	作成した再生リストの起動回数や視聴回数などのデータを確認できます。
デバイスのタイプ・その他	視聴者が動画を視聴する際に使用したデバイスやYouTubeサービス、終了画面、カードに関する情報を確認できます。

Q ≠ 分析

267 YouTubeアナリティクスにはどのような項目があるの？

A 「概要」「コンテンツ」「視聴者」「インスピレーション」「収益」の5つの項目に分類されています。

YouTubeアナリティクスの各種データは、「概要」「コンテンツ」「視聴者」「インスピレーション」「収益」という5つの項目に分類されています。各タブをクリックすると、該当の項目が表示されます。ここでは、各項目の内容を紹介します。

● **概要（詳細はQ.268参照）**

「視聴回数」「総再生時間」「チャンネル登録者」など、主にチャンネル全体の情報が表示されます。また、「人気の動画」「リアルタイム統計」「最新の動画」「最新のパフォーマンス」などのデータも確認できます。

● **コンテンツ（詳細はQ.269参照）**

動画のリピーター数やクリック回数など、インプレッション関連のデータが表示されます。また、「トラフィックソースの種類」「新しい視聴者」「インプレッションと総再生時間の関係」「フォーマット別の視聴者」などのデータも確認できます。

● **視聴者（詳細はQ.270参照）**

視聴者の情報が表示されます。「上位の地域」「字幕の利用が上位の言語」「年齢と性別」「視聴者がYouTubeにアクセスしている時間帯」などのデータを確認できます。

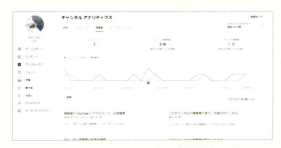

● **インスピレーション（詳細はQ.271参照）**

動画の視聴者やYouTubeのユーザーがYouTube上で何を検索しているのかを確認でき、動画を作成するうえでのアイデアを得るのに役立ちます。キーワードを検索すると、関連する視聴者のアクティビティも知ることができます。

● **収益（詳細はQ.272参照）**

YouTubeパートナープログラムに参加しているユーザーのみに表示される項目です。「月別の推定収益」「収益額が上位の動画」「収益源」「広告の種類」「トランザクション収益」など、動画の収益額に関するデータを確認できます。

Q 268 | 「概要」で何がわかる？

A チャンネルや動画全体の統計情報を確認できます。

YouTubeアナリティクスの「概要」では、チャンネルや動画全体の統計情報を確認できます。「概要」は、大きく4つのセクションに分かれています。各セクションの詳細は、以下を参照してください。

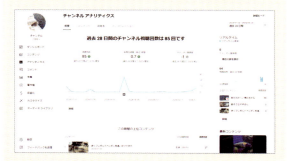

● 主要指標カード

指定した期間の総再生時間、視聴回数、チャンネル登録者が折れ線グラフで表示されます。

● この期間の上位コンテンツ

指定した期間の動画がランキング形式で表示されます。

● リアルタイム

1時間ごとの動画の視聴回数やチャンネル登録者が棒グラフで表示されます。

● 最新コンテンツ

直近でアップロードした動画やライブ動画の視聴回数、インプレッションのクリック率、平均視聴時間などが表示されます。

Q 269 | 「コンテンツ」で何がわかる？

A 動画のトラフィックやインプレッションに関する情報を確認できます。

YouTubeアナリティクスの「コンテンツ」では、視聴者が動画を見つけた手段（トラフィック）や、動画のサムネイルが表示された回数（インプレッション）に関する統計情報を確認できます。「すべて」「動画」「YouTubeショート」「ライブ」の項目ごとに、投稿した動画の視聴回数や高評価数などをグラフ化したものが表示されます。ここでは「すべて」で確認できる9つのセクションのうち一部の詳細を紹介します。

● 新しい視聴者

指定した期間の視聴者数が表示されます。

● リピーター数

指定した期間のリピーター数が表示されます。

● チャンネル登録者数

指定した期間のチャンネル登録者数が表示されます。

● 視聴回数

コンテンツの正式な視聴回数が表示されます。

● 公開済みコンテンツ

YouTubeで公開した動画、ショート動画、ライブ配信、投稿の数が表示されます。

● インプレッションと総再生時間の関係

動画のサムネイルの表示回数（インプレッション数）、クリック率、視聴回数、平均視聴時間、総再生時間が表示されます。

そのほかにも、視聴者がコンテンツを見つけた場所や視聴者の内訳などを確認できます。

Q 270 #分析 「視聴者」で何がわかる？

A 年齢や国など、視聴者に関する情報を確認できます。

YouTubeアナリティクスの「視聴者」では、動画を視聴している視聴者の年齢、性別、国・地域などの情報を確認できます。「視聴者」は、大きく7つのセクションに分かれています。各セクションの詳細は、以下を参照してください。

● 主要指標カード

ユニーク視聴者数、視聴者あたりの平均視聴回数、チャンネル登録者が、折れ線グラフで表示されます。

● 視聴者がYouTubeにアクセスしている時間帯

視聴者がYouTubeにアクセスしている時間帯が表示されます。チャンネル登録者以外の視聴者もカウントされます。

● チャンネル登録者の総再生時間

チャンネル登録者の総再生時間が表示されます。チャンネル登録者以外の視聴者の情報も対比して教えてくれます。

● 年齢と性別

視聴者の年齢層と性別が表示されます。

● 視聴者が再生した他の動画

視聴者が直近で視聴したほかの動画の情報が表示されます。

そのほかに、国別視聴者や字幕についても確認できます。

Q 271 #分析 「インスピレーション」で何がわかる？

A ユーザーがYouTubeで何を検索しているのかを確認できます。

YouTubeアナリティクスの「インスピレーション」では、自分の動画の視聴者とYouTube全体の視聴者による検索の概要を確認できます。視聴者が見たいと思うような動画のアイデアを考えるうえで役立つタブです。なお、特定の言語や国、デバイスでは、一部のセクションが表示できない場合があります。「インスピレーション」の詳細は、以下を参照してください。

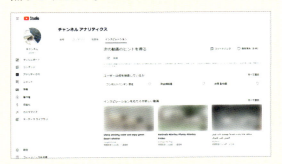

「インスピレーション」では、ユーザーが検索しているキーワードやそのキーワードに関連するほかの動画を確認することができます。

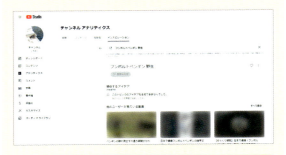

キーワードを入力して検索、または「ユーザーは何を検索しているか」に表示されている検索候補をクリックすると、キーワードに関連する動画や、ほかの検索候補などが表示され、生成AIでキーワードに関連する動画のアイデアやアウトラインを作成することもできます（※本書執筆時点で日本語でのアイデアは生成できません）。

Q 272 | 「収益」で何がわかる？ # 分析

A 広告収益に関するデータを確認できます。

YouTubeアナリティクスの「収益」では、YouTubeパートナープログラム参加者限定で広告収益額に関する情報を確認できます。「収益」の詳細は、以下を参照してください。

「収益」では、まず一定期間での収益額をグラフで確認することができます。

画面上部にある [動画再生ページの広告] や [ショートフィード広告] をクリックすると、動画広告やショート動画広告ごとの収益のほか、広告の種類、収益上位の動画などを確認できます。

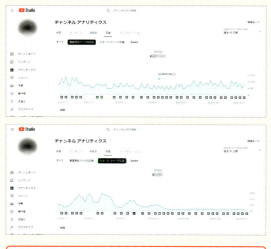

Q 273 | 動画ごとの情報を参照したい！ # 分析

A [コンテンツ]で各動画ごとのアナリティクスを参照できます。

YouTube Studioで [コンテンツ] をクリックすると、投稿した動画やライブ配信のアーカイブが一覧表示されます。任意の動画にマウスポインタを合わせ、[アナリティクス] をクリックすると、その動画のアナリティクスを参照できます。「概要」「リーチ」「エンゲージメント」「視聴者」「収益」の5つの項目に分かれており、各項目名をクリックすると該当の情報を確認できます（各項目で確認できる情報の詳細についてはQ.268〜272参照。なお、「リーチ」は視聴者が自分のコンテンツを見つけた方法など、「エンゲージメントメント」は視聴者の動画に対する反応などを確認できます）。

1 YouTube Studioを表示し、
2 [コンテンツ]をクリックします。

3 任意の動画にマウスポインタを合わせ、
4 📊をクリックします。

5 動画単体のアナリティクスが表示されます。

Q 274 分析のグループを作りたい！

分析

A ［詳細モード］で新しいグループを作成すると、情報を参照できます。

YouTubeアナリティクスでは、任意の動画をグループ化し、最大500件まで一括で表示できる「グループ」機能が用意されています。類似したデータを比較参照したいときに役立ちます。まずは［詳細モード］の［比較］からグループを作成してみましょう。比較の方法は、Q.276を参照してください。

1 YouTubeアナリティクスを表示し、［詳細モード］をクリックします。

2 ［比較］をクリックします。

3 ［グループ］をクリックし、 **4** ［グループを作成］をクリックします。

5 グループ名を入力して、 **6** 任意の動画を選択し、 **7** ［保存］をクリックします。

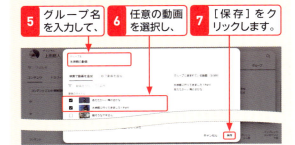

Q 275 表示データの期間を指定したい！

分析

A 任意の期間を指定しましょう。

YouTubeアナリティクスのデータは、初期状態では直近28日間のデータが表示されています。表示する期間を変更したい場合は、▽をクリックしましょう。「日別」「月別」「年別」など、任意の期間を選択することができます。

1 YouTubeアナリティクスを表示し、任意のタブをクリックします。

2 ▽ をクリックします。

3 任意の期間をクリックすると、

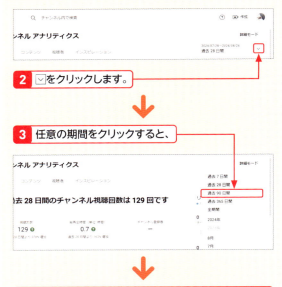

4 アナリティクスの集計データが、手順3で指定した期間に切り替わります。

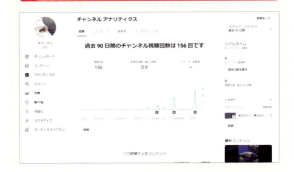

Q ＃分析
276 動画の情報を比較したい！

A ［詳細モード］の［比較］から、特定の動画やグループのデータと比較できます。

特定の動画のデータとチャンネル全体のデータを比較したい場合は、YouTubeアナリティクスの［詳細モード］で［比較］機能を選択しましょう。比較したい動画のキーワードを入力し、検索結果から目的の動画をクリックすると、対象の動画とチャンネル全体のデータを比較したグラフが表示されます。なお、比較できる動画は自分のチャンネル内に投稿されている動画・ライブ動画に限られます。

1 YouTubeアナリティクスを表示し、［詳細モード］をクリックします。

2 ［比較］をクリックします。

3 検索欄に比較したい動画のキーワードを入力し、

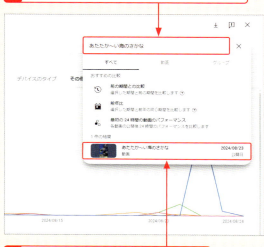

4 検索結果から任意の動画を選択します。

5 手順**4**で指定した動画とチャンネル全体のデータが比較されます。

グループと比較する
グループ（詳細はQ.274参照）とチャンネル全体のデータを比較することも可能です。手順**1**～**3**の方法で検索画面を表示し、［グループ］をクリックします。一覧から参照したいグループをクリックすると、対象のグループとチャンネル全体のデータを比較したグラフが表示されます。

277 チャンネル全体の状況をおおまかに把握したい！

A ［概要］で、チャンネル全体の状況を把握することができます。

チャンネル全体の状況を把握する場合は、YouTubeアナリティクスの［概要］が最適です。YouTube Studioの左側のメニューから［アナリティクス］をクリックし、［概要］をクリックすると、概要アナリティクスを参照できます。各セクションで確認できる情報については、Q.268を参照してください。

● アナリティクスの［概要］を表示する

1 YouTube Studioを表示し、［アナリティクス］をクリックします。

2 ［概要］をクリックすると、

3 概要アナリティクスが表示されます。

● 主要指標カードの表示情報を切り替える

1 アナリティクスの［概要］を表示した状態で、［総再生時間（単位：時間）］をクリックします。

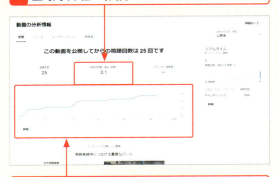

2 チャンネル全体の総再生時間の推移を表すグラフが表示されます。

3 アナリティクスの［概要］を表示した状態で、［チャンネル登録者］をクリックします。

4 チャンネル登録者の推移を表すグラフが表示されます。

Q 278 # 分析
動画の個別の状況をおおまかに把握したい！

A 動画個別のアナリティクスから[概要]を確認してみましょう。

動画個別のアナリティクスを表示して[概要]をクリックすると、「視聴回数」「総再生時間（時間）」「チャンネル登録者」「視聴者維持率」「リアルタイム」の5つの情報を確認できます。動画個別の状況がおおまかに把握できるので、コンテンツ制作の改善に役立てることができます。

1 Q.273を参考に、動画個別のアナリティクスを表示し、[概要]をクリックします。

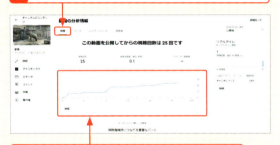

2 初期状態では、動画個別の視聴回数の推移を表すグラフが表示されます。

3 アナリティクスの[概要]を表示した状態で[総再生時間（単位：時間）]をクリックすると、

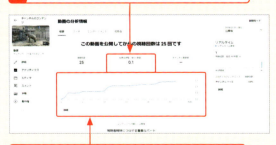

4 動画個別の総再生時間の推移を表すグラフが表示されます。

5 アナリティクスの[概要]を表示した状態で[チャンネル登録者]をクリックすると、動画個別のチャンネル登録者の推移を表すグラフが表示されます。

Q 279 # 分析
ユーザー層を知りたい！

A アナリティクスの[視聴者]から、ユーザー層の情報を確認できます。

自分の動画がどのようなユーザー層に視聴されているかを知りたい場合は、YouTubeアナリティクスで[視聴者]をクリックし、視聴者アナリティクスを確認してみましょう。視聴者アナリティクスの各セクションの詳細は、Q.270を参照してください。

1 YouTube Studioで、[アナリティクス]をクリックします。

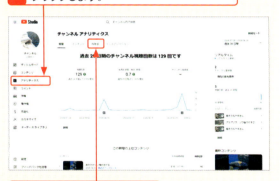

2 [視聴者]をクリックします。

3 視聴者アナリティクスが表示されます。

4 確認したい情報の[詳細]をクリックすると、

5 詳細モードに切り替わり、該当の詳細情報が表示されます。

Q 280 ユーザー層の情報をもとにやるべきことは？

分析

A ターゲットを絞り込んだコンテンツ制作にチャレンジしてみましょう。

自分の動画を視聴しているユーザー層の情報を把握し、ターゲットを絞り込むことは、YouTubeのマーケティング戦略において非常に重要です。それには、視聴者アナリティクスの情報が非常に役立ちます（確認方法の詳細はQ.279参照）。最初のうちに必ず確認しておきたいのが、「年齢」「性別」「YouTubeにアクセスしている時間帯」の3つです。たとえば、自分のチャンネルのメイン視聴者層が「年齢：35～44歳　性別：男性」であれば40歳前後の男性がメインターゲットということになります。それらの年代や性別をターゲットにしたコンテンツを制作してみると効果的です。

● 年齢と性別を把握する

年齢と性別を把握し、メインのターゲットを絞り込みます。明確なターゲットを決めてコンテンツ制作を行うことで、ファンを獲得しやすくなります。

● YouTubeにアクセスしている時間帯を把握する

アップロードする時間帯をメインターゲットに合わせることで、見てもらいやすくなります。

Q 281 動画が最後まで見られているか確認したい！

分析

A 動画個別の概要アナリティクスで、「視聴者維持につながる重要なパート」を確認しましょう。

動画が最後まで視聴されているかを確認するには、動画個別のアナリティクスの［概要］で「視聴者維持につながる重要なパート」を確認してみましょう。視聴者維持率の折れ線グラフの形状から、最後まで見られているかどうかがわかります。グラフの線が平坦だと、最初から最後まで再生されていることがわかります。反対に途中でグラフの線が下降している場合は、該当箇所で視聴を離脱していることを意味します。

1 Q.273を参照して、動画個別のアナリティクスで［概要］を表示しておきます。

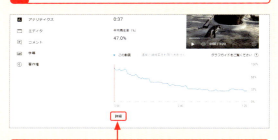

2 「視聴者維持につながる重要なパート」の［詳細］をクリックすると、

3 より詳細な視聴者維持率が表示されます。

4 折れ線グラフの形状に注目しましょう。グラフが下降している箇所は、途中離脱が多いことを意味しています。折れ線グラフが下降している場所をクリックすると、該当箇所の時間と視聴者維持率が表示されます。

Q 282 ＃分析
途中で見るのをやめている動画が多いときはどうすればよい？

A 該当箇所をカットし、動画のテンポをよくすると改善される可能性があります。

まずはQ.281を参考にして、「視聴者維持につながる重要なパート」の折れ線グラフの形状が急下降している箇所を確認しましょう。自分の目で確認し、該当シーンが不要だと判断したら、[エディタ]の[トリミングとカット]機能でトリミングすることができます。既存の動画はこの方法で改善するとともに、今後制作する動画は総再生時間を短めにして、視聴者維持率を保つようにします。慣れてきたら、徐々に総再生時間の長い動画を制作していくとよいでしょう。

1 動画個別のアナリティクスを表示した状態で、[エディタ]をクリックし、

2 [トリミングとカット]をクリックします。

3 青い枠をドラッグして、カットする箇所を選択します。

4 [保存]→[保存]の順にクリックすると、手順 **3** で選択した箇所がカットされます。

動画の途中の部分をカットしたい場合は、[新しい切り抜き]をクリックし、赤い枠をドラッグして範囲を選択して✓をクリックして確定します。

Q 283 ＃分析
どんな検索キーワードで辿り着いたか知りたい！

A [コンテンツ]タブの[視聴者があなたを見つけた方法]から、検索キーワードを調べることができます。

自分の動画がどのような検索キーワードで検索され、視聴されたのかを調べるには、YouTubeアナリティクスの[コンテンツ]にある「視聴者があなたを見つけた方法」というデータに注目しましょう。[詳細]をクリックして詳細モードに切り替え、[YouTube検索]をクリックすると、YouTube内の検索で利用された検索キーワードが表示されます。なお、検索エンジンからアクセスされた場合の検索ワードは表示されません。

1 YouTubeアナリティクスを表示した状態で[コンテンツ]をクリックし、

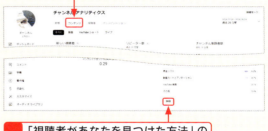

2 「視聴者があなたを見つけた方法」の[詳細]をクリックします。

3 [YouTube検索]をクリックすると、

4 YouTube内の検索で使用されたキーワードが一覧表示されます。

Q 284 検索キーワードをどう改善に活かせばよい？

#改善

A VSEO対策やサムネイルの改善に役立てましょう。

Q.283では、YouTube内検索でどのような検索キーワードを使ってアクセスされたかを調べる方法を紹介しました。この情報をうまく活用すれば、VSEO対策とサムネイルの改善に役立てることができます。検索キーワードの情報で注目すべきは、「インプレッション数」と「インプレッションのクリック率」です。ここでは、この2点に焦点を当てた改善策を解説します。

● インプレッション数

インプレッション数が多いキーワードは、それだけYouTubeの検索結果に多く表示されていることを意味します。この場合、検索キーワードの選定は成功しています。インプレッション数が少ない場合は、キーワードの選定がうまくいっていないことを意味します。再度、最適なキーワードを調べ直し、タイトル・説明文・タグに盛り込む必要があります（VSEO対策の詳細についてはQ.198〜201参照）。

● インプレッションのクリック率

インプレッション数が多いのにインプレッションのクリック率が悪いキーワードは、キーワードの選定自体に問題はなくても、サムネイルに魅力がない可能性があります。Q.204を参照して、思わずクリックしたくなるようなサムネイルを作成してみましょう。インプレッションのクリック率を上げることで、視聴回数を増やすことができます。

Q 285 チャンネル登録のきっかけになった動画を知りたい！

#改善

A ［チャンネル登録者］から、チャンネル登録した動画を調べることができます。

チャンネル登録のきっかけになった動画を調べるには、YouTubeアナリティクスの［概要］で［チャンネル登録者］の［詳細］をクリックします。すると、チャンネル登録者の推移がグラフと数値で表示されます。このうち、各動画の「チャンネル登録者」という項目の数値が、その動画をきっかけにチャンネル登録した人の数を意味します。

1 YouTubeアナリティクスを表示した状態で、［概要］をクリックします。

2 ［チャンネル登録者］をクリックします。

3 「チャンネル登録者」の［詳細］をクリックします。

4 「チャンネル登録者」の項目に、その動画からチャンネル登録した人の数が表示されます。

Q 286 チャンネル登録者の分析をどう改善に活かせばよい？ #改善

A チャンネル登録者のニーズに合ったコンテンツを制作しましょう。

Q.285では、チャンネル登録のきっかけとなった動画の分析方法を紹介しました。チャンネル登録者が多い動画は、それだけ視聴者のニーズに合っていることを意味しており、視聴者は同様のテーマの動画を求める傾向にあります。反対に、登録者が少ない動画は視聴者のニーズに合っていないことが考えられます。さまざまなジャンルにチャレンジしたいという人は多いでしょうが、最初のうちはある程度視聴者のニーズに合ったコンテンツに絞り込むべきです。新たなジャンルへのチャレンジは、実績を積み上げてからでも遅くはありません。

● チャンネル登録者が多い動画を分析

チャンネル登録者が多い動画は、視聴者のニーズに合っていることを意味します。チャンネル登録者を増やすために、同様のテーマに特化したコンテンツ制作を行うとよいでしょう。

● チャンネル登録者が少ない動画を分析

チャンネル登録者が少ない動画は、視聴者の興味を引く動画ではなかったことを意味します。今後は同様のテーマのコンテンツ制作は控え、ニーズに合ったテーマのコンテンツ制作に切り替えていくことをおすすめします。

Q 287 動画が再生された場所を知りたい！ #改善

A ［視聴者］の「上位の地域」から、再生された場所を調べることができます。

視聴者の地域や国を調べるには、YouTubeアナリティクスの［視聴者］で「上位の地域」を確認してみましょう。「上位の地域」には、アクセス数の多い地域・国がランキング形式で表示されます。［詳細］をクリックすると詳細モードに切り替わり、各地域・国の視聴者の推移をグラフで確認できます。

1 YouTubeアナリティクスを表示した状態で［視聴者］をクリックします。

2 「上位の地域」の項目に、アクセス数の多い地域・国がランキング形式で表示されます。

3 ［詳細］をクリックすると、

4 詳細モードに切り替わり、各地域・国の視聴者の推移をグラフで確認できます。

203

Q 288 | スマートフォンとパソコン、どちらの再生が多いか知りたい！

#改善

A ［詳細モード］の［デバイスのタイプ］から確認できます。

YouTubeアナリティクスの画面で［詳細モード］に切り替え、［デバイスのタイプ］をクリックすると、動画の視聴に使用されたデバイスの種類を確認できます。どのデバイスが視聴環境として多く利用されているかを調べることによって、コンテンツ制作にも役立てることができます。たとえば、スマートフォンからの視聴が半数以上を占めるのであれば、動画内の文字の大きさをスマホの視聴者向けに大きくしたり、色を変更したりすると効果的です。

1 YouTubeアナリティクスを表示した状態で、［詳細モード］をクリックします。

2 ［デバイスのタイプ］をクリックすると、

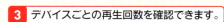

3 デバイスごとの再生回数を確認できます。

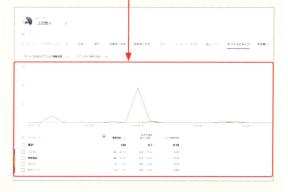

Q # 改善

289 「再生リスト」に含まれている人気動画を調べたい！

A [コンテンツ]にある再生リストを選択し、📊をクリックすると調べることができます。

再生リストに関する情報を調べるには、YouTube Studioにログインし、[コンテンツ]→[再生リスト]の順にクリックします。任意の再生リストにマウスポインタを合わせ、📊をクリックすると再生リストのアナリティクスを表示できます。さらに、[詳細]をクリックして詳細モードに切り替え、任意の再生リスト名をクリックすると、アナリティクスの対象をその再生リストに絞り込めます。この状態で[動画]をクリックすると、再生リスト内の動画ごとの視聴回数や総再生数、起動回数などを確認できます。

1 YouTube Studioを表示し、[コンテンツ]をクリックします。

2 [再生リスト]をクリックします。

3 任意の動画にマウスポインタを合わせ、📊をクリックします。

4 再生リストのアナリティクスが表示されます。[概要]タブをクリックします。

5 「この期間の上位コンテンツ」にある[詳細]をクリックします。

6 再生リスト内の動画の視聴回数などを確認できます。

Q # 改善

290 「再生リスト」に追加してもらうには？

A 人気動画を集めた再生リストを作成し、カードや説明文でアピールしましょう。

Q.289で再生リストの動画情報を調べたら、続いてQ.208の方法で人気動画を集めた再生リストを作成しましょう。人気動画を集めた再生リストは、チャンネル登録者数や視聴回数の増加、再生リストへの追加を促進する効果が期待できます。再生リストを作成したら、動画に再生リストへのリンクを盛り込んだカードを挿入する（Q.210～211参照）、説明文に再生リストのURLを明記するなど（Q.201参照）、再生リストの存在を積極的にアピールしましょう。

Q 291 カードの効果を知りたい！ #改善

A [コンテンツ]の「視聴者があなたを見つけた方法」で調べることができます。

動画に設定した各種カードが利用されているかを知りたい場合は、YouTubeアナリティクスの[コンテンツ]で「視聴者があなたを見つけた方法」を確認してみましょう。「視聴者があなたを見つけた方法」の[詳細]をクリックすると詳細モードに切り替わり、カードやティーザーのクリック数、表示1回あたりのクリック数などを確認できます。

1 YouTubeアナリティクスで[コンテンツ]をクリックし、

2 「視聴者があなたを見つけた方法」の[詳細]をクリックします。

3 [その他]をクリックし、

4 [カード]をクリックします。

5 [カードごとのカードのティーザーのクリック数]をクリックし、

6 任意の項目をクリックすると、選択した項目のアナリティクスに切り替わります。

Q 292 終了画面の効果を知りたい！ #改善

A [終了画面要素]や[終了画面要素タイプ]で調べることができます。

動画の最後に設定できる終了画面が効果的に利用されているかを知りたい場合は、YouTubeアナリティクスの[コンテンツ]で[終了画面要素]や[終了画面要素タイプ]を確認してみましょう。終了画面の要素とは、動画（最新のアップロードや視聴者に適した動画など）、再生リスト、チャンネル登録などのことです。[終了画面要素]では、終了画面の要素に設定したコンテンツごとの表示回数やクリック率などが表示されます。[終了画面要素タイプ]では、要素タイプ（動画、チャンネル登録、再生リスト）ごとに表示回数やクリック率を確認可能です。

Q.291手順5の画面で、[その他]をクリックし、[終了画面要素]や[終了画面要素タイプ]をクリックして確認できます。

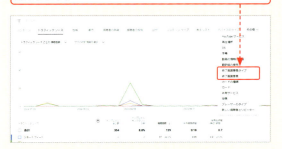

● **終了画面要素**

終了画面に設定した動画ごとの表示回数やクリック数を確認できます。

● **終了画面要素タイプ**

「動画」「再生リスト」「チャンネル登録」など、終了画面要素タイプごとに表示回数やクリック数を確認できます。

Q 293 広告の推定収益額を確認したい！

#広告

A [収益]の[月別の推定収益]で確認できます。

おおよその広告収益はGoogleアドセンスのほか、YouTubeアナリティクスからも確認できます。YouTubeアナリティクスの[収益]をクリックし、「月別の推定収益」を確認してみましょう。「月別の推定収益」では、推定収益額の推移が時系列で表示されます。なお、推定額と実際の確定額は異なる場合があるので注意が必要です。[詳細]をクリックすると詳細モードに切り替わり、より細かな推移と数値が表示されます。

1 YouTubeアナリティクスで[収益]をクリックします。

2 「月別の推定収益」で、月別の広告推定収入額を確認できます。

Q 294 広告の表示結果を分析したい！

#広告

A 「視聴回数」「平均視聴時間」「インプレッションのクリック率」から分析できます。

[収益]（Q.293参照）では、とくに多くの収益を獲得しているコンテンツや収益性が高い収益源などのデータが表示されます。とくに重視したいのは、「視聴回数」「平均視聴時間」「インプレッションのクリック率」の指標です。ここでは、この指標から何がわかるのかを解説していきます。

● 視聴回数

動画が何回視聴・再生されたかを表す数値です。基本的には、広告収入が発生する基準を満たしたものが反映されます。視聴回数が多いほど、広告収益が増えていきます。YouTubeアナリティクスの[概要][コンテンツ]や[収益]から確認できます。

● 平均視聴時間

動画の平均視聴を表す数値です。インストリーム広告は規定の時間視聴されないと広告収入が発生しません。目安となる「30秒」以上視聴してもらえるよう、魅力のあるコンテンツを作ることが大切になってきます。YouTubeアナリティクスの[概要]や[コンテンツ]から確認できます。

● インプレッションのクリック率

インプレッション数（動画のサムネイルが視聴者に表示された回数）1回あたりの再生回数を表す数値です。動画広告では、規定の時間再生されることで広告収入が発生するしくみなので、視聴者にどの程度興味を持ってもらっているのかがわかる重要な指標です。YouTubeアナリティクスの[コンテンツ]から確認できます。

Q # 広告

295 広告収入を増やすためにはどうすればよい？

A 4つのテクニックを実践して、動画広告の視聴時間と視聴回数を増やしましょう。

YouTubeでは、動画広告の視聴時間と視聴回数が多ければ多いほど広告収入が上がっていきます。しかし、YouTubeの広告単価は年々改訂されており、収益化したユーザーが増加したことによって広告単価は下がる傾向にあります。少しでも多くの広告収入を上げるために、ここで紹介する4つのテクニックを実践してみましょう。

● 自分の動画を見直してみる

まずは、一視聴者の目線で自分の動画を確認することが大切です。広告配分は適切か、長く視聴してもらえるようなコンテンツであるかどうか、関連性のある広告が表示されているかどうかという3つのポイントに注目してチェックしてみましょう。

別のアカウントを使って、自分の動画を客観的に視聴してみましょう。広告表示のタイミングや関連広告、動画の長さをもう一度チェックしましょう。

● 魅力的な内容のコンテンツを制作する

当たり前のことですが、もっとも効果的なのは、最後まで視聴してもらえる魅力的なコンテンツを制作することです。アナリティクスで「視聴者維持率」（Q.281参照）を確認し、高く保てるようにしましょう。また、YouTubeでは動画の総再生時間が長いほど広告単価も高くなる傾向にあるようです。しかしながら、はじめから長尺動画を制作し、最初から最後までしっかり視聴してもらうことは大変なことです。そのため、慣れないうちは短めの動画を制作し、実績を積んだら10分以上のコンテンツにチャレンジしてみましょう。

● 広告の配分を見直す

動画内で表示される広告の量が増えたからといって、広告の視聴回数が増えるわけではありません。広告が増えることで途中離脱者も増えてしまい、動画やチャンネルに対してのイメージも悪くなってしまいます。8分以上の動画では、動画の途中に挿入できる「ミッドロール広告」（Q.236参照）を手動で設定できます。自分の動画のタイプに応じて広告の表示位置を調整してみましょう。なお、挿入するタイミングをシーンの切り替え時などに設定すると、動画への興味を惹き付けたまま広告を視聴してもらいやすくなります。

● VSEO対策を見直す

コンテンツの内容と広告の内容がマッチしていると、興味を持った人に広告を見てもらいやすくなります。反対に、動画と広告の内容に関連性が薄いと、見てもらえる確率が下がります。動画とより関連のある広告を表示させるためにも、動画に設定したキーワードを見直して再度VSEO対策を行いましょう。

動画の説明などに記載したキーワードを見直して、VSEO対策を行いましょう。

第10章

視聴・管理が手軽にできる！スマホ活用技

296 ▸▸ 297		インストール
298		画面構成
299 ▸▸ 300		検索
301 ▸▸ 308		再生
309 ▸▸ 311		評価
312 ▸▸ 314		再生履歴
315 ▸▸ 316		後で見る
317 ▸▸ 321		再生リスト
322		YouTube ショート動画
323 ▸▸ 326		チャンネル登録
327		チャンネル作成

Q 296 YouTubeアプリをAndroidスマホにインストールしたい！

A Androidには最初からインストールされています。

Android版YouTubeアプリは、最初から端末にインストールされており、なおかつアンインストールすることができません。端末のホーム画面やアプリ一覧から起動しましょう。

1 ホーム画面またはアプリ一覧を表示して、[YouTube]をタップします。

ホーム画面に見当たらない場合、[Google]フォルダをタップすると、その中に「YouTube」アプリが入っていることもあります。

2 YouTubeアプリが起動します。

Q 297 YouTubeアプリをiPhoneにインストールしたい！

A 「App Store」からインストールしましょう。

iPhone向けのYouTubeアプリは、「App Store」からインストールできます。なお、アプリのインストールにはAppleアカウントが必要です。事前に「設定」アプリで設定しておきましょう。

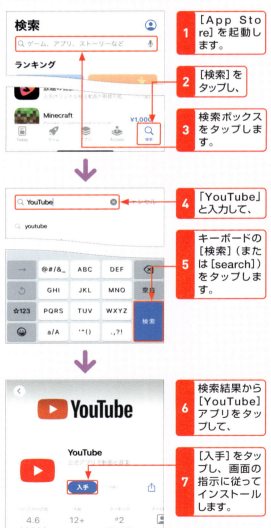

1 [App Store]を起動します。

2 [検索]をタップし、

3 検索ボックスをタップします。

4 「YouTube」と入力して、

5 キーボードの[検索]（または[search]）をタップします。

6 検索結果から[YouTube]アプリをタップして、

7 [入手]をタップし、画面の指示に従ってインストールします。

Q # 画面構成

298 YouTubeアプリの画面構成を知りたい！

A 「ホーム」「登録チャンネル」「マイページ」などの画面で構成されています。

YouTubeアプリは、「ホーム」「ショート」「作成」「登録チャンネル」「マイページ」の5つの画面から構成されています。各画面は、画面下部のアイコンをタップすると切り替えることができます。ここでは、各画面の見方を解説します。なお、AndroidとiPhoneで画面に大きな違いはありません。

● ホーム画面

YouTubeアプリを起動したときに最初に表示される基本画面です。視聴履歴をもとにしたおすすめの動画が表示されます。🔍をタップするとキーワード検索、🧭をタップするとカテゴリを選択できます。

● ショート画面

YouTubeに投稿されたショート動画（60秒以内の短い動画）を視聴できる画面です。自動的に再生が始まり、上下にスワイプすることで次の動画が再生されます。

● 作成画面

撮影・作成した動画をアップロードしたり、ライブ配信を開始したりできる画面です。

● 登録チャンネル画面

登録したチャンネルの動画やショート動画などがタイムライン形式で表示されます。画面上部には各チャンネルのアイコンが表示され、タップすると任意のチャンネルに移動します。

● マイページ画面

履歴や再生リストなどを確認できる画面です。

● 画面下部のアイコン

それぞれをタップすることで、画面を切り替えることができます。

右上に表示されているメニュー
YouTubeアプリの画面右上には、ショート画面や作成画面を除いて常に表示されているメニューがあります。メニューは左から順番に、ChromecastやApple TVなどのミラーリングができるデバイスに接続するための［キャスト先］（iPhoneではデバイスを選択）、登録チャンネルが動画を投稿したときやライブ配信を開始したときに通知される［通知］、キーワード検索するための［YouTubeを検索］から構成されています。

Q 299 キーワードで動画を検索したい！

検索

A 画面右上の虫眼鏡アイコンをタップし、キーワードを入力すると検索できます。

YouTubeに投稿されている膨大な動画の中から目的の動画を絞り込むには、キーワード検索が便利です。画面右上の虫眼鏡アイコンをタップすると、検索ボックスが表示されます。動画のキーワードを入力すると、キーワードに関連する動画が表示されます。

1 をタップし、

2 検索ボックスに動画のキーワードを入力し、

3 キーボードの虫眼鏡アイコン（iPhoneの場合は[検索]）をタップします。

4 手順2で入力したキーワードに関連する動画が表示されます。

Q 300 条件を指定して検索したい！

検索

A 検索結果画面で［検索フィルタ］をタップし、条件を指定できます。

キーワード検索で検索した動画が多くて絞り切れない場合は（キーワード検索の詳細はQ.299参照）、検索フィルタを活用してみましょう。検索結果画面右上の［検索フィルタ］をタップし、動画のタイプや時間などの条件を指定して絞り込むことができます。

1 Q.299を参考に、キーワード検索の検索結果を表示しておきます。

2 →［検索フィルタ］の順にタップし、

3 各項目をタップして条件を指定し、

4 ［適用］（iPhoneは画面左上の）をタップします。

5 手順3で指定した条件で動画が絞り込まれます。

Q 301 | 動画を再生したい！

#再生

A 動画のサムネイルをタップしましょう。

動画を再生したい場合は、動画のサムネイルをタップしましょう。動画の再生ページに移動し、自動的に再生が開始されます。動画プレイヤーの画面構成は、Q.302を参照してください。

1 再生したい動画のサムネイルをタップします。

2 動画の再生が開始されます。

Q 302 | 再生画面の画面構成を知りたい！

#再生

A 動画を快適に視聴するためのさまざまな機能が搭載されています。

動画の再生画面には、動画を快適に視聴するためのさまざまな機能が搭載されています。動画の再生中は非表示になっていますが、再生画面を1回タップするとメニューが表示されます。各メニューの名称と機能は、以下を参照してください。

❶ ポップアップ
タップすると、再生中の動画がポップアップ表示に切り替わります。

❷ 自動再生
自動再生のオン／オフを切り替えます。オンにすると、再生中の動画の終了後に、関連動画が再生されます。

❸ キャスト
ChromecastやApple TVなどの専用機器に接続して、再生中の動画をテレビにミラーリングできます。

❹ 字幕
字幕のオン／オフを切り替えます。

❺ 設定
画質、字幕、再生速度などを設定できます。

❻ 前の動画
直前に再生した動画の再生画面に切り替わります。

❼ 一時停止／再生
再生中の動画を一時停止できます。また、一時停止中にタップすると動画が再生されます。

❽ 次の動画
おすすめ動画など、次に表示される動画の再生画面に切り替わります。

Q303 画面いっぱいに再生画面を表示したい！ #再生

A 全画面モードに切り替えましょう。

動画の再生画面が小さくて見づらいと感じたら、全画面モードを利用してみましょう。再生画面を1回タップしてメニューを表示し、画面右下の［全画面］アイコンをタップすると、全画面モードに切り替わります。全画面モードではスマホの画面いっぱいに再生画面が表示されるので、小さかった画像や文字が拡大されて見やすくなります。もとに戻すときも、同様の手順で戻すことができます。

1 再生画面をタップします。

2 をタップします。

3 全画面モードに切り替わります。

Q304 動画の再生速度を変更したい！ #再生

A 再生画面のメニューから、8段階の再生速度に変更できます。

動画の音声が聞き取れないのでもっとゆっくり再生したい、あるいは時間短縮のためにもっと速い速度で再生したいという場合は、動画の再生速度を自分好みに変更するとよいでしょう。再生画面を1回タップしてメニューを表示し、画面右上の →［再生速度］の順にタップします。8段階の再生速度から任意の速度をタップすると、再生速度が変更されます。

1 再生画面を1回タップし、

2 をタップします。

3 ［再生速度］をタップします。

4 任意の再生速度をタップします。

Q 305 | #再生
動画に字幕を付けて再生したい！

A 再生画面のメニューから、動画に字幕を付けることができます。

YouTubeには、世界中から多くの動画が投稿されています。海外のユーザーが投稿した動画は言葉がわからず、楽しめないという人も多いのではないでしょうか。そんなときは、YouTubeの字幕機能を活用してみましょう。投稿者が対応する言語の字幕を作成していなくても、音声認識で自動生成された字幕を利用できます。再生画面を1回タップしてメニューを表示し、画面右上の⚙→[字幕]の順にタップします。任意の言語をタップすると、再生画面に字幕が表示されるようになります。

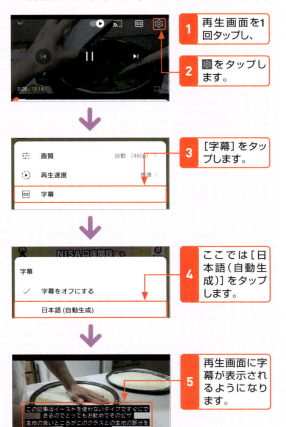

Q 306 | #再生
自動再生にならないようにしたい！

A [次の動画を自動再生]をオフにしましょう。

初期状態では、再生中の動画が終わると自動的に次の動画が再生されます。自動再生されるのをやめたい場合は、[マイページ]→⚙の順にタップします。[再生]→[次の動画を自動再生]（iPhoneの場合は[自動再生]→[携帯電話／タブレット]）の順にタップして自動再生をオフにしましょう。

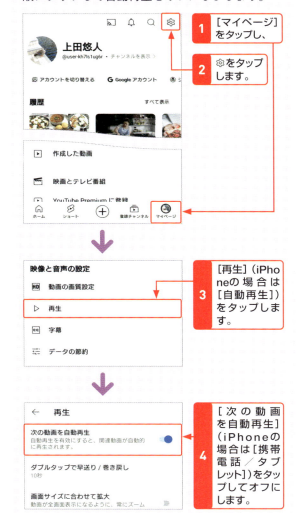

Q 307 再生中の動画の投稿者のチャンネルを見たい！

再生

A 再生画面でクリエイターのアカウントアイコンをタップしましょう。

動画の投稿者のチャンネルが気になったら、再生画面の左下にあるクリエイターのアカウントアイコンをタップし、チャンネル画面を確認してみましょう。チャンネル画面では、チャンネルに投稿されたほかの動画、再生リスト、コミュニティなどを参照できます。

1 動画の再生画面や検索結果画面などを表示しておきます。

2 アカウントアイコンをタップします。

3 クリエイターのチャンネルが表示されます。

Q 308 動画再生中に次の動画を指定したい！

再生

A ポップアップ表示に切り替えれば、動画の再生中に次の動画を検索できます。

動画再生中に次の動画を検索したいなら、ポップアップ表示機能を活用してみましょう。動画を視聴しながらほかの作業ができるようになります。

1 動画の再生画面 を1回タップします。

2 ⌄をタップします。

3 動画の再生画面がポップアップ表示に切り替わります。動画を視聴しながら次に視聴する動画を検索するなど、ほかの作業ができるようになります。

Q 309 | 動画を評価したい！

\# 評価

A [高評価]をタップすると、評価できます。

YouTubeには、動画を視聴したユーザーが動画を評価するシステムがあります。評価は「低評価」と「高評価」の2種類が用意されています。気に入った動画には、動画再生画面で[高評価]をタップし、クリエイターに伝えてあげるとよいでしょう。

1 動画の再生画面を表示しておきます。
2 👍をタップします。

3 アイコンが黒色に変化し、高評価が反映されます。

高評価を取り消す場合
高評価した動画の再生画面で、再度👍をタップすると、高評価を取り消すことができます。

Q 310 | 高く評価した動画を確認したい！

\# 評価

A [マイページ]の[高く評価した動画]から確認できます。

高評価した動画は、[高く評価した動画]という再生リストに追加されます（動画を高評価する手順はQ.309参照）。高評価した動画を確認したい場合は、[マイページ]をタップして、「マイページ」画面を表示します。続いて、「再生リスト」の項目にある[高く評価した動画]をタップすると、高評価した動画の一覧が表示されます。

1 [マイページ]をタップします。
2 「再生リスト」の[高く評価した動画]をタップします。

3 高評価した動画が一覧表示されます。

217

Q 311 動画にコメントを付けたい！ ≡ 評価

A 動画再生画面の［コメント］をタップして、動画にコメントを付けましょう。

動画にコメントを付けたい場合は、動画再生画面で［コメント］をタップします。コメント一覧の上部にある［コメントする］をタップして、入力欄にテキストを入力します。送信アイコンをタップすると、動画にコメントが反映されます。なお、コメントが無効に設定されている動画はコメントを付けることはできません。コメントを保留するように設定されている場合は、コメント確認後に許可されたものだけが反映されます。

1 動画の再生画面を表示しておきます。
2 ［コメント］をタップします。
3 ［コメントする］をタップします。
4 コメントを入力し、
5 ▷をタップします。
6 手順4で入力したコメントが動画に反映されます。

Q 312 再生履歴から動画を探して再生したい！ ≡ 再生履歴

A ［マイページ］の［履歴］から探すことができます。

過去に視聴した動画をもう一度視聴したい場合は、再生履歴を活用しましょう。［マイページ］をタップして「マイページ」画面を表示し、「履歴」の［すべて表示］をタップすると、再生履歴が時系列順に表示されます。動画のサムネイルをタップすると、動画の再生が開始されます。

1 画面下部の［マイページ］をタップします。
2 「履歴」の［すべて表示］をタップします。
3 再生履歴が時系列順に表示されます。
4 任意の動画のサムネイルをタップすると、再生されます。

Q 313 再生履歴に保存されないようにしたい！

A 「YouTubeの履歴」をオフにしましょう。

一度視聴した動画は、すべて再生履歴に自動保存されます。これ以上再生履歴に保存したくない場合は、YouTubeの[設定]で[すべての履歴を管理]をタップし、[管理]→[オフにする]→[一時停止]の順にタップして、再生履歴の保存を一時停止しましょう。なお、再生履歴を一時停止にすると、おすすめの動画に表示される動画も少なくなります。

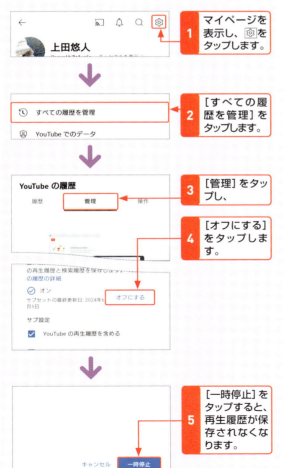

Q 314 すべての再生履歴を削除したい！

A 「YouTubeの履歴」設定で削除しましょう。

再生履歴は、検索の手間を省いたり、おすすめの動画の精度を上げたりなどの利点があります。しかし、第三者に見られるなどプライバシー侵害の危険もあるため、定期的に削除しておくことをおすすめします。再生履歴を削除するには、YouTubeの[設定]で[すべての履歴を管理]→[削除]→[すべてを削除]の順にタップしましょう。なお、一度削除するともとに戻すことはできません。

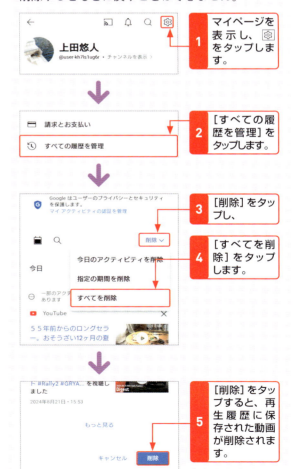

Q 315 「後で見る」リストに動画を追加したい！

\# 後で見る

A [保存]を長押しして、[後で見る]を選択して追加します。

気になる動画があるけれど今は視聴できないというときは、「後で見る」に追加しておくと便利です。「後で見る」とは、最初から用意されている再生リストの1つです。自分で作成した再生リストに追加するほどではないけれど、気になる動画を一時的に保存しておきたいという場合に重宝します。「後で見る」に追加するには、動画再生画面で[保存]を長押しします。再生リストの一覧から[後で見る]を選択し、[完了]をタップしましょう。

1 「後で見る」に追加したい動画の再生画面を表示しておきます。

2 [保存]を長押しします。

3 [後で見る]を選択し、

4 [完了]をタップします。

Q 316 「後で見る」リストの動画を連続再生したい！

\# 後で見る

A [マイページ]の[後で見る]から再生ボタンをタップしましょう。

「後で見る」に追加した動画は（詳細はQ.315参照）、画面下部の[マイページ]をタップし、[後で見る]をタップすると確認できます。リスト内の[すべて再生]をタップすると、すべての動画が連続再生されます。また、任意の動画のサムネイルをタップすることで、個別に再生することもできます。

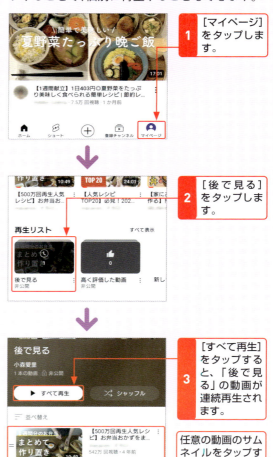

1 [マイページ]をタップします。

2 [後で見る]をタップします。

3 [すべて再生]をタップすると、「後で見る」の動画が連続再生されます。

任意の動画のサムネイルをタップすると、個別に再生されます。

Q 317 #再生リスト 「再生リスト」を作成して動画を追加したい！

A 動画再生画面で［保存］をタップし、再生リストを作成して追加しましょう。

もう一度視聴したいと思ったお気に入りの動画は、「再生リスト」に追加することでいつでも視聴できるようになります。まず、動画再生画面で［保存］を長押しします。新しい再生リストに追加したい場合は、［新しいプレイリスト］をタップします。再生リストの名前を入力し、［プライバシー］から公開の有無も設定しておくとよいでしょう。［作成］をタップすると、作成したプレイリストに動画が追加されます。

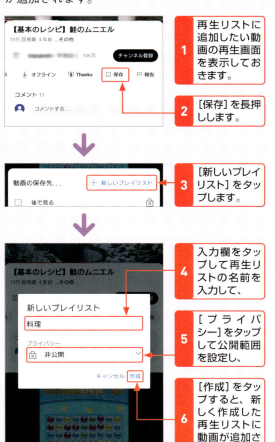

1 再生リストに追加したい動画の再生画面を表示しておきます。
2 ［保存］を長押しします。
3 ［新しいプレイリスト］をタップします。
4 入力欄をタップして再生リストの名前を入力して、
5 ［プライバシー］をタップして公開範囲を設定し、
6 ［作成］をタップすると、新しく作成した再生リストに動画が追加されます。

Q 318 #再生リスト 「再生リスト」の動画を再生したい！

A ［マイページ］の「再生リスト」から再生できます。

Q.317で作成した再生リストは、画面下部の［マイページ］をタップし、「再生リスト」という項目から該当の再生リスト名をタップすると確認できます。リスト内の［すべて再生］をタップすると、すべての動画が連続再生されます。また、任意の動画のサムネイルをタップすることで、個別に再生することもできます。

1 ［マイページ］をタップします。
2 「再生リスト」の一覧から任意の再生リスト名をタップします。
3 再生リストに登録された動画が一覧表示されます。
4 ［すべて再生］をタップすると、リスト内の動画が連続再生されます。

任意の動画のサムネイルをタップすると、個別に再生されます。

221

Q 319 「再生リスト」の動画の並び順を編集したい！

\# 再生リスト

A 再生リスト画面で［並べ替え］をタップすると、並び順を編集できます。

再生リストの動画は初期状態では新しく追加した順番で表示されますが、［並べ替え］をタップすると、並び替えることができます。並び順は「手動設定」「追加日（新しい順）」「追加日（古い順）」「人気順」「公開日（新しい順）」「公開日（古い順）」の6種類が用意されています。手動設定以外の順番は、選択すると自動的に並べ替えが行われます。

1 Q.318の手順 1〜2を参考に、並べ替えたい再生リストを表示しておきます。

2 ［並べ替え］をタップします。

3 任意の並べ替え方法をタップします。

4 手順3で選択した方法で並べ替えが行われます。

> **手動で並べ替えする**
> 手動で並べ替えをしたい場合は、手順3の画面で［手動設定］をタップしましょう。動画のサムネイルの左側にある≡を長押ししながら移動したい位置にドラッグ＆ドロップすれば、並べ替えができます。

Q 320 「再生リスト」の動画を削除したい！

\# 再生リスト

A 動画の右側にある⋮→［（リスト名）から削除］をタップします。

再生リストに間違えて登録してしまった動画や不要になった動画は、再生リストの一覧を表示した状態で⋮をタップし、［［（リスト名）］から削除］をタップすると削除されます。

1 Q.318の手順 1〜2を参考に、再生リストを表示しておきます。

2 削除したい動画の右側にある⋮をタップし、

3 ［［（リスト名）］から削除］をタップします。

4 再生リストから動画が削除されます。

> **スワイプ操作で削除する**
> 手順1の画面で削除したい動画を左方向にスワイプし、■（iPhoneの場合は■）をタップすることでも削除できます。

Q 321 「再生リスト」の公開設定を変更したい！

#再生リスト

A ［公開設定］をタップし、公開範囲を変更しましょう。

再生リストの作成時に公開範囲を間違えてしまった場合は、あとから変更することが可能です。再生リストの一覧を表示した状態で鉛筆の形をした編集アイコンをタップし、［公開設定］をタップします。変更したい公開範囲を選択すると、公開範囲が変更されます。

1 Q.318の手順 1～2 を参考に、再生リストを表示しておきます。

2 をタップします。

3 ［公開設定］をタップします。

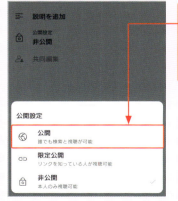

4 変更したい公開範囲をタップしてチェックを付け、［保存］をタップします。

Q 322 スマホでYouTubeショート動画を再生したい！

#YouTubeショート動画

A 「ショート」画面で動画を上下にスワイプしましょう。

YouTubeショート動画を再生したい場合は、画面下部にある［ショート］をタップして「ショート」画面を表示すると、YouTubeに投稿されているショート動画を再生できます。上下にスワイプすることで1分以内～最長3分までの短い動画が次々に再生されるので、好きなショート動画を楽しみましょう。なお、「ホーム」画面や検索結果一覧に表示されている縦長のサムネイルはショート動画で、タップすることで再生することができます。

1 画面下部の［ショート］をタップします。

2 「ショート」画面が表示され、ショート動画の再生が自動で始まります。

3 画面を上方向にスワイプすると、次のショート動画に切り替わり、自動再生されます。

● 縦長のサムネイルはショート動画

223

Q323 再生画面からチャンネル登録したい！

A 再生画面で[チャンネル登録]をタップしましょう。

チャンネル登録とは、YouTubeチャンネルのお気に入り機能のことです。クリエイターの動画を検索しなくても見つけやすくなったり、新着動画の通知を受信できるなど、チャンネル登録しておくと便利なことがたくさんあります。チャンネル登録するには、動画の再生画面で[チャンネル登録]をタップしましょう。

1 動画の再生画面を表示しておきます。

2 [チャンネル登録]をタップします。

3 通知アイコンが表示されたら、登録完了です。

通知を設定する
チャンネルの新着動画をいち早く知りたい場合は、チャンネル登録後の画面で🔔をタップし、[すべて]をタップすると、[通知]に通知が表示されるようになります。

Q324 チャンネルページからチャンネル登録したい！

A チャンネルページで、[チャンネル登録]をタップしましょう。

クリエイターのほかの動画や再生リストなどを確認した上でチャンネル登録したい場合は、チャンネルページを表示して内容を確認してからチャンネル登録を行いましょう。チャンネルページを表示し、[チャンネル登録]をタップすると、チャンネル登録されます。

1 Q.307を参考に、動画の再生画面からアカウントアイコンをタップします。

2 [チャンネル登録]をタップします。

3 「登録済み」と表示されたら、登録完了です。

チャンネルページから通知を設定する
チャンネルの通知は、チャンネルページからも設定できます。チャンネルページで[登録済み]をタップし、[すべて]をタップすると、[通知]に通知が表示されるようになります。

Q 325 登録したチャンネルを表示したい！

\# チャンネル登録

A ［登録チャンネル］から
チャンネル一覧を表示できます。

登録したチャンネルは、「登録チャンネル」画面から確認できます。画面下部の［登録チャンネル］をタップし、［すべて］をタップすると、登録したチャンネルが一覧表示されます。任意のチャンネル名をタップすると、チャンネルページが表示されます。

1 画面下部の［登録チャンネル］をタップします。

2 ［すべて］をタップします。

3 登録したチャンネルが一覧表示されます。

4 チャンネル名をタップすると、チャンネルページが表示されます。

Q 326 チャンネル登録を解除したい！

\# チャンネル登録

A チャンネルページの［登録済み］を
タップして解除します。

チャンネル登録を解除したい場合は、チャンネルページを表示し、チャンネル名の下にある［登録済み］をタップし、［登録解除］をタップすると、チャンネル登録が解除されます。

1 Q.307を参考に、チャンネルページを表示し、

2 ［登録済み］をタップします。

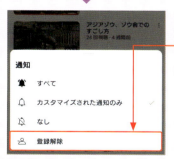

3 ［登録解除］をタップすると、チャンネル登録が解除されます。

動画再生画面からチャンネル登録を解除する
動画再生画面で △ →［登録解除］の順にタップすることでも、チャンネル登録を解除できます。

Q 327 スマホからチャンネルを作成したい！

チャンネル作成

A 「マイページ」画面から [チャンネルを作成] をタップしてチャンネルを作成します。

YouTubeには、ユーザー1人1人にチャンネルが用意されています。チャンネルとは、自分が投稿した動画や作成した再生リストを共有できる専用画面のことです。YouTubeのさまざまな機能を利用するには、動画投稿の有無にかかわらず、マイチャンネルを作成する必要があります。まずは、画面下部の [マイページ] をタップし、[チャンネルを作成] をタップします。プロフィール写真や名前、ハンドルを設定し、[チャンネルを作成] をタップすると、マイチャンネルが作成されます。

1 画面下部の [マイページ] をタップし、

2 [チャンネルを作成] をタップします。

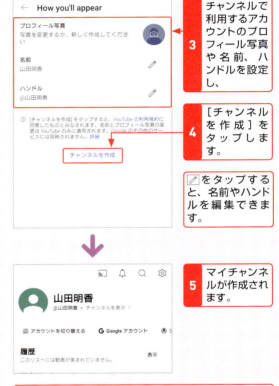

3 チャンネルで利用するアカウントのプロフィール写真や名前、ハンドルを設定し、

4 [チャンネルを作成] をタップします。

🖉 をタップすると、名前やハンドルを編集できます。

5 マイチャンネルが作成されます。

チャンネルの名前を変更する

チャンネルの名前は、14日間に2回まで変更できます。手順5の画面で [チャンネルを表示]→🖉の順にタップすると「チャンネル設定」画面が表示されるので、「名前」の🖉をタップして任意の名前を入力し❶、[保存] をタップすることで❷変更できます。

第11章

投稿・設定・分析もできる！スマホ活用技

328		**動画投稿**
329 ▷▷ **330**		**YouTube ショート動画**
331		**動画削除**
332 ▷▷ **336**		**YouTube Studio アプリ**
337 ▷▷ **338**		**サムネイル**
339 ▷▷ **342**		**設定・編集**
343 ▷▷ **357**		**分析**
358 ▷▷ **359**		**広告**

Q ＃動画投稿
328 スマホから動画を投稿したい！

A 画面下部の[作成]アイコンをタップして、スマホで撮影した動画を投稿しましょう。

スマートフォンで撮影した動画は、YouTubeアプリから投稿することも可能です。まず、画面下部にある⊕→[動画]の順にタップします。初回のみ写真・動画へのアクセス許可を求めるポップアップが表示されるので、アクセスを許可しておきましょう。スマートフォンに保存している動画が一覧表示されるので、投稿したい動画を選択し、「タイトル」「説明」「公開範囲」「場所」「再生リスト」などを設定し[次へ]をタップします。なお「ショートリミックス」では、投稿した動画と音声を使用してほかのユーザーがショート動画を作成できるかどうか設定できます。最後に子ども向けの動画かどうかを設定し、[動画をアップロード]をタップすると、動画が投稿されます。なお、1分以内の動画を選択した場合は、自動的にショート動画として投稿されます。

1 ⊕をタップします。

2 [動画]をタップすると、スマートフォンに保存している動画が表示されます。

3 投稿したい動画をタップします。

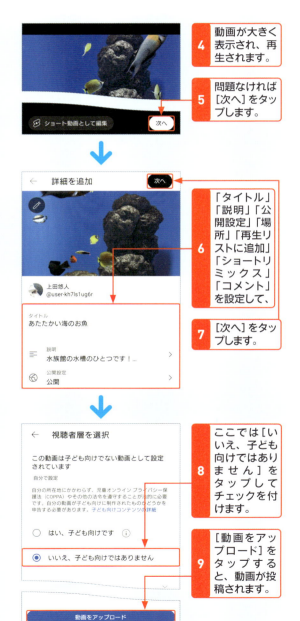

4 動画が大きく表示され、再生されます。

5 問題なければ[次へ]をタップします。

6 「タイトル」「説明」「公開設定」「場所」「再生リストに追加」「ショートリミックス」「コメント」を設定して、

7 [次へ]をタップします。

8 ここでは[いいえ、子ども向けではありません]をタップしてチェックを付けます。

9 [動画をアップロード]をタップすると、動画が投稿されます。

Q # YouTube ショート動画

329 YouTubeショート動画を投稿したい！

A 画面下部の［作成］アイコンから、ショート動画を投稿・作成できます。

画面下部にある⊕をタップすると、「ショート」画面が表示されます。ここからスマートフォンに保存してある動画を追加したり、動画を撮影したりしてショート動画を投稿・作成することが可能です。Q.328を参考に「動画」画面を表示し、スマートフォンに保存している動画を選択してアップロードすることでもショート動画を投稿できます。60秒以上の動画を選択した場合、［ショート動画として編集］をタップすると、60秒以下に長さを調整可能です。ここでは「ショート」画面からショート動画を投稿する手順を紹介します。なお、2024年10月現在、スマートフォンからは3分のショート動画を作成できません。

1 Q.328の手順1を参考に、⊕をタップすると、「ショート」画面が表示されます。

2 サムネイルをタップします。初回は許可画面が表示されるので、内容を確認して許可します。

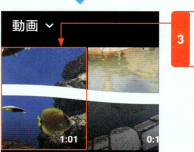

3 投稿したいショート動画をタップします。

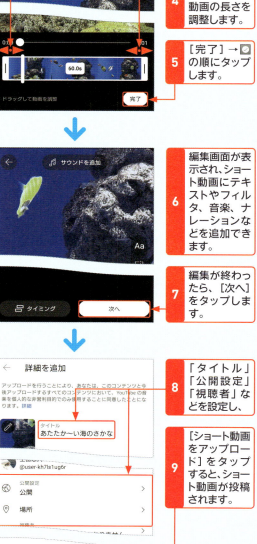

4 バーの端をドラッグして、動画の長さを調整します。

5 ［完了］→◯の順にタップします。

6 編集画面が表示され、ショート動画にテキストやフィルタ、音楽、ナレーションなどを追加できます。

7 編集が終わったら、［次へ］をタップします。

8 「タイトル」「公開設定」「視聴者」などを設定し、

9 ［ショート動画をアップロード］をタップすると、ショート動画が投稿されます。

Q 330 ショート動画撮影時の画面構成を知りたい！

#YouTube ショート動画

A 撮影画面では動画の長さの変更や、BGMの追加などができます。

ここでは、[作成]アイコンをタップしたあとに表示される「ショート」画面（ショート動画の撮影画面）の構成について確認します。「YouTube」アプリだけでスマートフォンから気軽にショート動画の撮影・投稿が可能です。

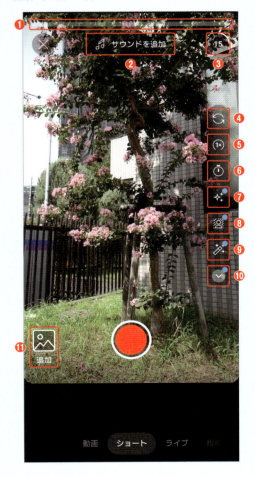

❶	動画時間	❸で設定した時間までの残り時間が赤いバーで表示されます。
❷	サウンドを追加	BGMを追加できます。
❸	録画時間	タップしてショート動画の録画時間を15秒または60秒に切り替えられます。
❹	切り替え	インカメラとアウトカメラを切り替えられます。
❺	速度	動画の再生速度を変更できます。
❻	タイマー	録画開始までのタイマーを設定できます。
❼	エフェクト	エフェクトを追加できます。
❽	グリーンスクリーン	画角に人物がいる場合、背景をグリーンバックにし、背景画像を合成できます。
❾	レタッチ	レタッチのオン／オフを切り替えられます。
❿	その他	そのほかの設定メニューを表示できます。
⓫	追加	スマートフォン内の動画をショート動画として投稿できます。

サウンドを追加する

[サウンドを追加]をタップすると「サウンド」画面が表示されます。ここではYouTubeショートで利用可能な音楽が表示されるので、好きな音楽を探してみましょう。楽曲名をタップすると試し聴きができ（■1）、●をタップすると（■2）、ショート動画に追加できます。

Q331 投稿した動画を削除したい！

#動画削除

A ［マイページ］の［作成した動画］から削除できます。

スマートフォン版YouTubeから、投稿した動画を削除することができます。YouTubeアプリで［マイページ］→［作成した動画］の順にタップし、投稿した動画一覧を表示します。削除したい動画の右側にあるメニューアイコン→［削除］→［削除］の順にタップすると、動画を削除できます。なお、一度削除するともとに戻すことはできないので、注意しましょう。

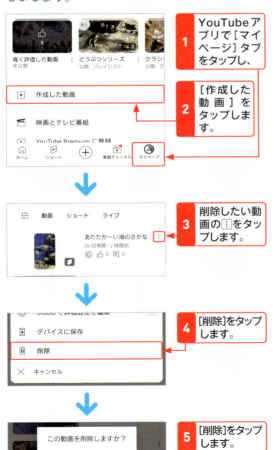

1 YouTubeアプリで［マイページ］タブをタップし、
2 ［作成した動画］をタップします。
3 削除したい動画の［︙］をタップします。
4 ［削除］をタップします。
5 ［削除］をタップします。

Q332 YouTube Studio アプリって何？

#YouTube Studio アプリ

A チャンネル管理やアナリティクス分析などができるアプリです。

YouTubeには、自分のチャンネル管理やアナリティクスでの情報分析ができる「YouTube Studio」というクリエイター向けのツールが用意されています。スマートフォンの場合はYouTubeアプリとは別のアプリとしてインストールする必要があります。Androidの場合は「Playストア」、iPhoneの場合は「App Store」からインストールしましょう。

● Android版

Android版YouTube Studioは、Playストアからインストールできます。

● iPhone版

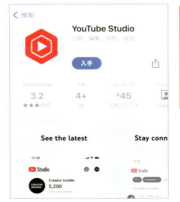

iPhone版YouTube Studioは、App Storeからインストールできます。インストールの手順は、Q.297を参照してください。

231

Q = YouTube Studio アプリ

333 YouTube Studioアプリの画面構成を知りたい！

A 画面下部の各メニューから、動画やチャンネルを管理できます。

「YouTube Studio」アプリをインストールしたら、YouTube チャンネルのアカウントでログインしましょう。画面下部にある「ダッシュボード」「コンテンツ」「アナリティクス」「コメント」「収益化」の各メニューを使用して動画やチャンネルを管理することができます。

❶	通知	通知を確認できます。
❷	アカウント	アカウントや「YouTube Studio」アプリの設定などができます。
❸	ダッシュボード	チャンネル登録者数やチャンネルアナリティクス、最新公開済みのコンテンツや最新のコメントなどを確認できます。
❹	コンテンツ	アップロードした動画やショート動画、ライブ配信、再生リストが表示されます。動画の詳細を編集したり、動画の制限を確認したりできます。
❺	アナリティクス	YouTubeアナリティクスの指標とレポートで、チャンネルや動画のパフォーマンスを確認できます。
❻	コメント	動画へのコメントの確認や返信ができます。
❼	収益化	YouTubeパートナープログラムに参加している場合、収益化の設定を管理できます。

「アカウント」画面
画面右上のアカウントアイコンをタップすると、「アカウント」画面が表示され、アカウントの編集や切り替えのほか、Google アカウントの設定画面へのアクセスもできます。また、[設定] をタップすると、「YouTube Studio」アプリの通知設定やデバイスのモード変更などが可能です。

Q 334 投稿した動画のメタデータを設定したい！

#YouTube Studio アプリ

A YouTube Studioの編集画面から設定できます。

YouTube Studioの編集画面からは、「サムネイル」「タイトル」などのメタデータを設定できます。動画の再生数やチャンネル登録者数が伸び悩んでいる場合はメタデータを変更して、VSEO対策をするとよいでしょう。編集の手順は、Q.335〜341を参照してください。

● スマホ版YouTube Studioで編集できるメタデータ

● サムネイル
検索結果などで、動画タイトルとともに表示される画像のことです。

● タイトル
動画のタイトルとして表示される項目です。VSEOでもっとも重要な要素です。

● 説明
動画の内容を記載したり、リンクを掲載したりする項目です。動画タイトルに関連するキーワードを盛り込むことで、VSEOに大きく貢献します。

● 公開設定
公開、限定公開、非公開を設定できます。

● 視聴者
子ども向けや成人向けなど、動画を視聴できる対象年齢を設定できます。

● 再生リスト
特定の再生リストに動画を追加できます。再生リストのタイトルに関連キーワードを盛り込むことで、VSEO対策としても有効です。

● タグ
動画に関連するキーワードです。動画の内容を端的に表すことができます。

Q 335 動画のサムネイルを設定したい！

#YouTube Studio アプリ

A YouTube Studioの動画の編集画面でサムネイルを設定できます。

スマートフォン版YouTubeで動画のサムネイルを設定するには、「YouTube Studio」アプリを使用します。動画の編集画面からサムネイルの編集画面を表示すると、3種類のサムネイル候補が表示されます。好きな画像を選択し、[保存]をクリックするとサムネイルが変更されます。なお、好きな画像をサムネイルとして設定するには、パソコン版YouTubeでYouTubeアカウントを認証し、中級者向け機能を「有効」にする必要があります（Q.021参照）。

1 Q.336手順1〜4を参考に、動画の編集画面を表示します。

2 をタップします。

3 3種類のサムネイル候補から任意の画像をタップし、

4 [完了]をタップします。

5 [保存]をタップすると、サムネイルが変更されます。

= YouTube Studio アプリ

Q 336 動画のタイトルや説明文、タグを編集したい！

A YouTube Studioの動画の編集画面で、タイトル・説明・タグを編集できます。

スマートフォン版YouTubeですでに投稿した動画の「タイトル」「説明」「タグ」を変更するには、「YouTube Studio」アプリを使用します。動画の編集画面で「タイトル」「説明」「タグ」を編集し、[保存]をタップします。なお、変更が反映されるまでに時間がかかる場合があります。

1 YouTube Studioを起動します。

2 [コンテンツ]をタップします。

3 [動画]をタップして、

4 編集したい動画をタップし、

5 ✏をタップします。

6 「タイトル」「説明」の入力欄をそれぞれタップして内容を編集し、

7 [保存]をタップします。

「タグ」を編集したいときはここをタップします。

Q337 候補以外の画像をサムネイルにしたい！

A サムネイル用の画像をアップロードします。

自動生成されたサムネイルではなく、サムネイル用に自分で作成した画像を別途アップロードすることで、候補以外の画像をサムネイルにすることができます。なお、サムネイル画像をアップロードするには、電話番号によるアカウント確認が必要です。Q.021を参考に、アカウント確認を済ませておきましょう。なお、ここではスマートフォンの「Promeo」アプリ（Q.338参照）で作成したサムネイル用画像をアップロードしています。

1　Q.336手順 ■1 ～ ■4 を参考に、動画の編集画面を表示します。

2　■をタップします。

3　[カスタムサムネイル]をタップします。

4　サムネイルの画像ファイルをタップして選択します。

5　[完了]→[保存]の順にタップするとサムネイルが変更されます。

Q338 スマホでサムネイル用の画像を作成したい！

A サムネイル作成アプリをインストールして作成できます。

魅力的なサムネイルは、動画を視聴してもらううえでも非常に大切な要素です。スマートフォンでも、サムネイル作成に便利なアプリを活用すれば、かんたんにYouTubeサムネイルを作成できます。ここでは、Android、iPhoneいずれのスマートフォンでも無料でインストール・利用できるアプリを紹介します。利用できる機能や自分のスマートフォンのスペックなどを考慮して、使いやすそうなアプリを選択しましょう。なお、Q.203で紹介した「Canva」や「Adobe Express」はスマートフォン版アプリもあるので、そちらもおすすめです。

●Promeo

テンプレートからかんたんにサムネイルを作成できます。また動画の編集も可能です。

●Picsart

豊富なフィルタやエフェクトを適用したり、コラージュ画像を作成できたりします。

●Phonto

画像に文字入れできるアプリです。200種類以上のフォント、30種類以上の日本語フォント、縦書きなどに対応しています。

Q339 投稿した動画を「再生リスト」にまとめたい！

#設定・編集

A [作成した動画]から、投稿した動画を再生リストにまとめることができます。

投稿した動画をスマートフォン版YouTubeアプリで再生リストにまとめたい場合は、「マイページ」画面で[作成した動画]をタップします。再生リストに追加したい動画の右側にあるメニューアイコン→[再生リストに保存]の順にタップします。新しく再生リストを作成、または既存の再生リストを選択して追加しましょう。

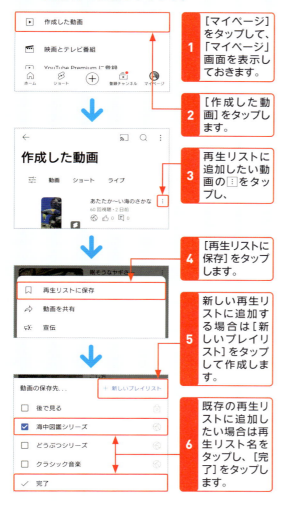

1 [マイページ]をタップして、「マイページ」画面を表示しておきます。

2 [作成した動画]をタップします。

3 再生リストに追加したい動画の⋮をタップし、

4 [再生リストに保存]をタップします。

5 新しい再生リストに追加する場合は[新しいプレイリスト]をタップして作成します。

6 既存の再生リストに追加したい場合は再生リスト名をタップし、[完了]をタップします。

Q340 動画の公開範囲を設定したい！

#設定・編集

A YouTube Studioの動画の編集画面で公開範囲を変更できます。

スマートフォン版YouTubeで動画の公開範囲を変更するには、YouTube Studioアプリを使用します。動画の編集画面で、公開設定の項目をタップします。4種類の公開範囲の中から変更したいものを選択し、[保存]をタップすると公開範囲が変更されます。

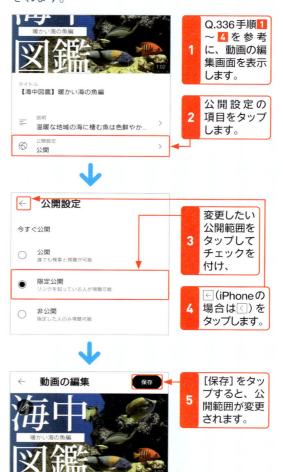

1 Q.336手順1〜4を参考に、動画の編集画面を表示します。

2 公開設定の項目をタップします。

3 変更したい公開範囲をタップしてチェックを付け、

4 ←（iPhoneの場合は＜）をタップします。

5 [保存]をタップすると、公開範囲が変更されます。

設定・編集

341 スマホからチャンネルで編集できるものって何？

A 「チャンネルアート」「チャンネルアイコン」「チャンネル名」「チャンネルの説明」などを編集できます。

スマートフォン版YouTubeアプリでは、残念ながらマイチャンネルで編集できる項目が限られています。編集できるものは、「チャンネルアート」「チャンネルアイコン」「チャンネル名」「ハンドル」「チャンネルの説明」「プライバシー」です。それ以外の項目は、パソコン版YouTubeから編集しましょう。

1 [マイページ]をタップし、

2 [チャンネルを表示]をタップします。

3 ✎をタップします。

4 変更したい項目をタップして、編集を行います。

237

Q342 コメントが付いたら知らせてほしい！

≠ 設定・編集

A YouTube Studioの［通知］設定で、［プッシュ通知］をオンにします。

スマートフォン版YouTubeアプリでは、投稿した動画にコメントが付くとプッシュ通知で知らせてくれる機能が用意されています。YouTube Studioアプリのアカウントアイコンをタップし、［設定］→［プッシュ通知］の順にタップして「プッシュ通知」設定を表示します。「プッシュ通知」の［コメント］をタップすると、通知の種類を変更できます。初期状態は［重要］が設定されていますが、［すべて］をタップするとすべてのコメントをプッシュ通知するよう変更できます。

1 YouTube Studioアプリを起動します。

2 アカウントアイコン→［設定］の順にタップします。

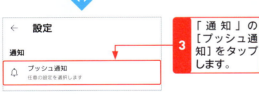

3 「通知」の［プッシュ通知］をタップします。

4 ［コメント］をタップし、

5 ［すべて］をタップしてチェックを付けると、すべてのコメントがプッシュ通知されるようになります。

Q343 スマホからYouTubeアナリティクスを確認したい！

≠ 分析

A YouTube Studioアプリの［アナリティクス］メニューから確認できます。

マイチャンネルや投稿した動画のさまざまな情報を確認できるYouTubeアナリティクスは、スマートフォン版YouTubeアプリでも利用できます。YouTube Studioアプリを起動し、画面下部の［アナリティクス］をタップすると、アナリティクスが表示されます。

1 YouTube Studioアプリを起動します。

2 ［アナリティクス］をタップします。

3 YouTubeアナリティクスが表示されます。

パソコン版との相違点は？
スマートフォン版YouTubeアナリティクスは、パソコン版とは一部項目の表記が異なります。また詳細モードがないため、パソコン版よりも確認できる情報が少ないのが特徴です。より詳細な情報を確認したい場合はパソコン版を利用しましょう。

分析

Q 344 「概要」を確認したい！

A [アナリティクス]の[概要]から確認できます。

YouTubeアナリティクスの[概要]では、チャンネルや動画のパフォーマンスの概要などを確認できます。主要指標カードには、「視聴回数」「総再生時間」「チャンネル登録者数」「推定収益（YouTubeパートナープログラムに参加している場合）」が表示されます。なお、自分のチャンネルや動画のこれまでの平均的なパフォーマンスとの比較を示す「カスタム概要レポート」が表示される場合があり、視聴回数が通常よりも多い、または少ない理由を知ることが可能です。

● **主要な指標レポート**

● 視聴回数
チャンネルや動画の視聴回数を参照できます。

● 総再生時間（時間）
これまでに投稿した動画の合計再生時間が表示されます。

● チャンネル登録者
チャンネル登録者の合計が表示されます。

● 推定収益
選択した期間と地域におけるGoogle広告配信元や、チャンネルメンバーシップやSuper Chatなどの取引を含めた合計推定収益額が表示されます（YouTubeパートナープログラムに参加している場合）。

● **概要レポート**

● 上位のコンテンツ
とくに人気の高い動画を確認できます。初期状態では、視聴回数で上位の動画が表示されます。

● リアルタイム
最近公開した動画のパフォーマンスを早期に把握できます。このレポートには上位の動画とチャンネル登録者数に関する情報も表示されます。

Q345 「インスピレーション」を確認したい！

A ［アナリティクス］の［インスピレーション］から確認できます。

YouTubeアナリティクスの［インスピレーション］では、自分の動画の視聴者とYouTube全体の視聴者による検索の概要を確認できます。キーワード検索することで、YouTube全体での上位の検索トピックや、自分のチャンネル視聴者による検索キーワードなどの情報を確認できます。

● 表示される内容

● 上位の検索キーワード
以前保存した検索キーワードと視聴者の検索内容に基づく、過去28日間の上位の検索キーワードが表示されます。

● 最近の動画
視聴者が過去28日間に視聴したトピックと、以前保存した検索キーワードに関連する動画が表示されます。

● キーワード検索で確認できる内容

● YouTubeで多い検索内容
トピックに関連する、YouTube全体で検索された人気の検索キーワードが表示されます。

● YouTubeで人気の動画
トピックに関連する、YouTube全体で視聴された人気の動画が表示されます。

Q346 「コンテンツ」を確認したい！

A ［アナリティクス］の［コンテンツ］から確認できます。

YouTubeアナリティクスの［コンテンツ］では、視聴者がコンテンツを見つけて関わった方法や、それらの視聴者がほかにどのようなコンテンツを見ているかを確認できます。「すべて」「動画」「YouTubeショート」「ライブ」「再生リスト」の各タブから、リーチとエンゲージメントに関する情報を確認できます。ここでは「すべて」に表示されるレポートについて紹介します。

● 「すべて」に表示されるレポート

● 視聴回数
動画、ショート動画、ライブ配信のコンテンツの正式な視聴回数が表示されます。

● 公開済みコンテンツ
YouTubeで公開した動画、ショート動画、ライブ配信、投稿の数が表示されます。

● フォーマット別の視聴者
動画、ショート動画、ライブ配信の各フォーマットでコンテンツを視聴している視聴者の内訳と重複率が表示されます。

● 視聴者があなたの動画を見つけた方法
ブラウジング機能、ショートフィード、関連動画、YouTube検索、チャンネルページなどで視聴者がコンテンツを見つけた方法を確認できます。

● チャンネル登録者数
動画、ショート動画、ライブ配信、投稿、その他で獲得したチャンネル登録者数が表示されます。

Q347 「視聴者」を確認したい！

A [アナリティクス]の[視聴者]から確認できます。

YouTubeアナリティクスの[視聴者]では、動画を視聴している視聴者の概要やユーザー属性に関する分析情報などの情報を確認できます。ここでは「主要な指標レポート」と「視聴者レポート」を一部紹介します。

● 主要な指標レポート

● **リピーター**
以前にチャンネルを視聴した人のうち、選択した期間内に再び視聴した視聴者の数が表示されます。

● **ユニーク視聴者数**
選択した期間内にコンテンツを視聴した推定視聴者数が表示されます。

● 視聴者レポート

● **性別**
視聴者の性別の割合が表示されます。

● **年齢**
総再生時間に貢献している年齢層が表示されます。

● **地域**
自分のチャンネルの総再生時間が最も長い地域が表示されます。

● **字幕の利用が上位の言語**
チャンネルの視聴者が利用している字幕言語の割合が表示されます。

Q348 「収益」を確認したい！

A [アナリティクス]の[収益]から確認できます。

YouTubeパートナープログラムに参加している場合、YouTubeアナリティクスの[収益]で、YouTubeの収益を確認できます。推定収益のほか、収益を得た手段や動画のパフォーマンスなどの情報を確認できます。ここでは「主要な指標レポート」と「収益レポート」を一部紹介します。

● 主要な指標レポート

● **動画再生ページの広告収益**
選択した期間と地域におけるYouTube向けAdSense、DoubleClick広告、YouTube Premiumからの推定収益額が表示されます。

● **推定収益（収入）**
選択した期間と地域における収益源からの推定総収益（純利益）が表示されます。

● 収益レポート

● **あなたの収益額**
過去6か月間のチャンネルの収益額が月別に表示されます。

● **収益を得た手段**
それぞれの収益源（動画再生ページ広告、ショートフィード広告、メンバーシップなど）からの推定収益額の内訳が表示されます。

● **コンテンツのパフォーマンス**
動画、ショート動画、ライブ配信から得た収益が表示されます。

Q 349　動画ごとの情報を確認したい！

\# 分析

A　[コンテンツ]から、動画ごとの[アナリティクス]を参照できます。

スマートフォン版YouTube Studioで[コンテンツ]をタップすると、投稿した動画やライブ配信のアーカイブが一覧表示されます。任意の動画をタップし、[アナリティクス]をタップすると、その動画のアナリティクスを参照できます。チャンネルのアナリティクスと少し異なり、[概要][リーチ][エンゲージメント][視聴者]の4つの項目に分かれており、各項目名をタップすると該当の情報を確認できます。「リーチ」では、視聴者が自分のチャンネルを見つけた方法を確認できます。「エンゲージメント」では、視聴者が自分の動画を見ている時間の長さを確認可能です。

1　YouTube Studioアプリを起動し、[コンテンツ]をタップします。

2　[動画]をタップします。

3　任意の動画をタップします。

4　[アナリティクス]をタップします。

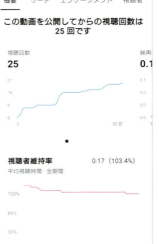

5　動画単体のアナリティクスが表示されます。

350 表示データの期間を指定したい！

A 画面上部に表示されている期間のタブを左右にドラッグし、任意の期間を指定しましょう。

YouTubeアナリティクスのデータは、初期状態では直近28日間のデータが表示されます。表示する期間を変更したい場合は、画面上部に表示されている期間のタブを左右にドラッグし、任意の期間を選択すると、データの表示が切り替わります。

1 YouTube Studioアプリを起動し、アナリティクスを表示しておきます。

2 詳細を確認したいデータをタップします。

3 画面上部に表示されている期間のタブを左右にドラッグします。

4 任意の期間をタップすると、

5 アナリティクスの集計データの期間が、指定した期間に切り替わります。

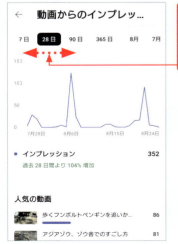

= 分析

351 | チャンネル全体の状況をおおまかに把握したい！

A アナリティクスの［概要］で、チャンネル全体の状況を把握できます。

チャンネル全体の状況を把握するなら、［概要］が最適です。YouTube Studioアプリのメニューから［アナリティクス］をタップし、［概要］を表示してみましょう。［概要］で確認できる情報については、Q.344を参照してください。

1 YouTube Studioアプリを起動します。

2 画面下部の［アナリティクス］をタップします。

3 ［概要］をタップすると、

4 チャンネルの［概要］が表示されます。

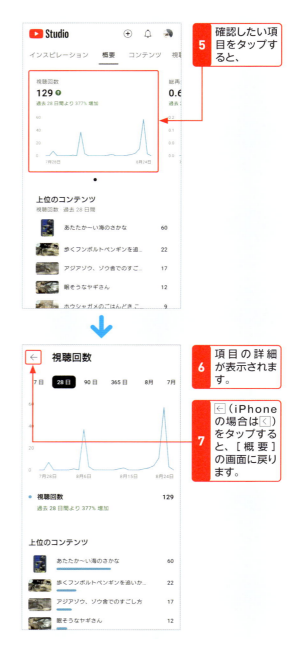

5 確認したい項目をタップすると、

6 項目の詳細が表示されます。

7 ← (iPhoneの場合は<)をタップすると、［概要］の画面に戻ります。

分析

352 ユーザー層を知りたい！

A アナリティクスの[視聴者]から、ユーザー層に関する情報を確認できます。

自分の動画がどのようなユーザー層に視聴されているのかを知りたい場合は、YouTube Studioアプリのアナリティクスで[視聴者]をタップし、確認してみましょう。[視聴者]の各レポートの詳細は、Q.347を参照してください。

1 YouTube Studioアプリを起動し、アナリティクスを表示しておきます。

2 [視聴者]をタップします。

3 [視聴者]が表示されます。

4 確認したい項目をタップすると、

5 項目の詳細が表示されます。

6 ←（iPhoneの場合は<）をタップすると、アナリティクス画面に戻ります。

Q 353 # 分析
動画の個別の状況を おおまかに把握したい！

A 動画個別のアナリティクスから［概要］を確認してみましょう。

動画個別のアナリティクスで［概要］をタップすると、「視聴回数」「総再生時間（時間）」「チャンネル登録者数」「視聴者維持率」「リアルタイム」などの情報を確認できます。動画個別の状況をおおまかに把握できるので、今後のコンテンツ制作の改善に生かしましょう。

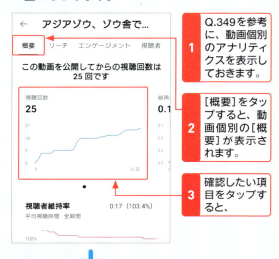

1 Q.349を参考に、動画個別のアナリティクスを表示しておきます。

2 ［概要］をタップすると、動画個別の［概要］が表示されます。

3 確認したい項目をタップすると、

4 項目の詳細が表示されます。

5 （iPhoneの場合は<）をタップすると、動画個別の［概要］画面に戻ります。

Q 354 # 分析
動画が最後まで見られているか確認したい！

A 動画個別の［概要］で［視聴者維持率］を確認しましょう。

動画が最後まで視聴されているかを確認するには、動画個別のアナリティクスの［概要］で「視聴者維持率」のデータを確認してみましょう。視聴者維持率の折れ線グラフの形状によって、最後まで見られているかどうかがわかります。グラフの線が平坦だと、最初から最後まで再生されていることを意味します。逆に途中でグラフの線が下降している場合は、該当箇所で視聴を離脱していることを意味します。

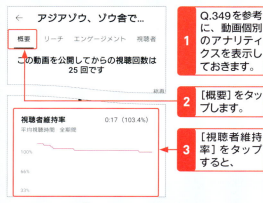

1 Q.349を参考に、動画個別のアナリティクスを表示しておきます。

2 ［概要］をタップします。

3 ［視聴者維持率］をタップすると、

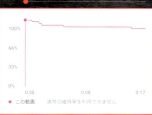

4 より詳細な視聴者維持率が表示されます。

5 グラフの形状に注目しましょう。グラフの形状が急下降している箇所は、このタイミングで離脱者が多いことを意味します。

分析

355 どんな検索キーワードで辿り着いたか知りたい！

A ［コンテンツ］の［YouTube検索語句］から、検索キーワードを調べることができます。

自分の動画がどのような検索キーワードで検索されて視聴されたのかを調べるには、YouTube Studioアプリのアナリティクスで［コンテンツ］をタップし、任意のタブをタップして［YouTube検索語句］を確認してみましょう。動画個別に知りたい場合は、Q.349を参考に、動画個別のアナリティクスを表示し、［リーチ］→［YouTube検索語句］の順にタップします。この項目をタップすると、YouTube内の検索で利用された検索キーワードが多い順に表示されます。なお、検索エンジンからアクセスされた場合の検索ワードは表示されません。

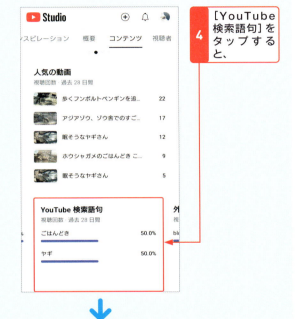

4 ［YouTube検索語句］をタップすると、

1 YouTube Studioアプリを起動し、アナリティクスを表示しておきます。

2 ［コンテンツ］をタップします。

3 ここでは［動画］をタップします。

5 YouTube内の検索で使用されたキーワードが一覧表示されます。

356 動画が再生された場所を知りたい！

A ［視聴者］の［地域］から、再生された場所を調べることができます。

視聴者の地域や国を調べるには、YouTube Studioアプリのアナリティクスで［視聴者］をタップし、［地域］を確認します。「地域」には、地域・国がアクセス数の多い順に表示されます。

1 YouTube Studioアプリを起動し、アナリティクスを表示しておきます。

2 ［視聴者］をタップします。

3 ［地域］をタップします。

4 各地域・国の視聴者の割合を確認できます。

分析

357 動画に設定したサムネイルの効果を知りたい！

A [コンテンツ]の[インプレッションのクリック率]で調べることができます。

YouTube Studioアプリのアナリティクスの「コンテンツ」にある「インプレッション」からサムネイルが視聴者に表示された回数を確認できますが、視聴者がサムネイルを見たあとに動画を視聴したかどうか知りたい場合は、[インプレッションのクリック率]をタップしましょう。サムネイル画像やタイトル、動画コンテンツが視聴者にどの程度アピールできているか分析できます。

1 YouTube Studioアプリを起動し、アナリティクスを表示しておきます。

2 [コンテンツ]をタップします。

3 [インプレッションのクリック率]をタップします。

4 視聴者がサムネイルを見たあとに動画を視聴した頻度が表示されます。

Q 358 広告の推定収益額を確認したい！

A ［推定収益］から確認することができます。

推定収益を調べるには、YouTube Studioアプリのアナリティクスの［収益］で［推定収益］をタップします。一定期間での推定収益が金額とグラフで表示されます。なお、期間を変更して、任意の期間での推定収益を確認することもできます。

1 YouTube Studioアプリを起動し、アナリティクスを表示しておきます。

2 ［収益］をタップします。

3 ［推定収益］をタップします。

4 過去28日間の推定収益が表示されます。

5 確認したい期間をタップします。

6 手順5でタップした期間の推定収益が表示されます。

359 広告の表示結果を分析したい！

A ［広告タイプ別の収益］から、表示された広告の種類と期間を分析することができます。

広告の表示結果を調べるには、YouTube Studioアプリのアナリティクスで［広告タイプ別の収益］をタップします。一定期間での広告収益をどの広告から得られているのかが、割合で表示されます。なお、期間を変更して、任意の期間での推定収益を確認できるほか「収益の多いコンテンツ」「広告主からの支払い額」なども同様にデータを見ることが可能です。

1 YouTube Studioアプリを起動し、アナリティクスを表示しておきます。

2 ［動画再生ページの広告］をタップします。

3 「動画再生ページの広告」画面が表示されます。

4 上方向にスワイプします。

5 ［広告タイプ別の収益］をタップします。

6 過去28日間の広告タイプ別収益の割合が表示されます。

7 確認したい期間をタップします。

8 手順7でタップした期間の広告タイプ別収益の割合が表示されます。

数字・アルファベット

2段階認証	169
Android	210
BGM	80
DOVA-SYNDROME	80
DVR	118
Facebook	160
Google AdSense	169
Google アカウント	24
iPhone	210
OBS	110
PowerDirector	65
QR コード	162
SNS	154
Super Chat	122, 166
Super Stickers	124, 166
Super Thanks	166, 187
TikTok	162
VSEO	149
VTuber	83
X	160
XSplit	110
YouTube	20
YouTube Live	108
YouTube Live Studio	111
YouTube Premium	34
YouTube Studio	89
YouTube Studio アプリ	231
YouTube アナリティクス	190
YouTube アプリ	211
YouTube ショート広告	174
YouTube ショート動画	50, 223
YouTube ショート動画を投稿	229
YouTube ショートの収益化ポリシー	167
YouTube のチャンネル収益化ポリシー	179
YouTube の利用規約	62
YouTube パートナープログラム	167

あ行

アウトストリーム広告	174
アカウントの認証	31, 32
明るさ調整	77
アップロード動画のデフォルト設定	103
後で見る	46, 220
アナリティクス	121, 238
アバター（キャラクター）	85
色調整	77
インストール	210
インストリーム広告	171, 172
インスピレーション	192, 240
インフィード動画広告	174
インプレッション数	202
インプレッションのクリック率	202, 249
ウェブカメラ	112
写り込み	62
埋め込み動画	160
エディタ	64
エフェクト	78
エンコーダ配信	112
エンドカード	157, 158

オーディオライブラリ ……………… 80, 106
追っかけ再生 …………………………… 118

か行

カード ………………………………… 154, 206
概要 …………………………………… 192, 239
カスタムメッセージ ………………… 157
カメラ …………………………………… 56
関連動画のリンク …………………… 150
キーフレーム ………………………… 73
キュー …………………………………… 44
言語の設定 …………………………… 100
公開設定 ………………………… 97, 98
公開範囲 ……………………… 114, 236
効果音 ………………………………… 80
広告掲載に適したコンテンツのガイドライン … 176
広告収入 ……………………………… 166
コミュニティガイドライン ……… 179
コメントと評価 ……………………… 101
コンテンツ ……………………… 192, 240

さ行

再生速度 ……………………… 39, 214
再生リスト ……… 47, 102, 154, 205, 221, 236
再生履歴 ……………………………… 43
サジェストワード …………………… 150
撮影機材 ……………………………… 57
サムネイル ……… 95, 116, 151, 233, 235
視聴画面 ……………………………… 36

視聴者 ……………………… 96, 192, 241
視聴者維持率 ………………… 200, 246
視聴者があなたを見つけた方法 ……… 201
自動再生 …………………………… 40, 215
字幕 ………………………………… 40, 215
字幕の設定 …………………………… 100
ジャンプカット ……………………… 69
収益 ……………………………… 192, 241
収益化に必要なもの ………………… 169
終了画面 ……………………… 154, 206
上級者向け機能 ……………………… 33
詳細モード …………………………… 191
ショッピング ………………… 166, 188
推定収益額 …………………… 185, 250
スケジュール配信 …………………… 98
スマホからチャンネルを作成 ……… 226
全画面モード ………………………… 214

た行

タイトル ……………………… 70, 147
タグ …………………………………… 149
遅延 …………………………………… 119
チャンネル …………………………… 26
チャンネルアナリティクス ………… 190
チャンネル登録 ……………… 52, 224
チャンネル登録を解除 ……… 53, 225
チャンネルのリンク ………………… 150
中級者向け機能 ……………………… 33
ティーザーテキスト ………………… 157
デバイスのタイプ …………………… 204

Index

253

デフォルトチャンネル ……………………… 31	バンパー広告 ……………………………… 173
手ブレ ………………………………………… 78	ビデオスタビライザー …………………… 78
テレビで視聴 ……………………………… 50	フィルタ ……………………………………… 38
テロップ …………………………………… 70	フォントをインストール ………………… 71
動画アナリティクス ……………………… 190	ブランドアカウント ……………………… 27
動画再生フィード広告 …………… 171, 173	プロダクトプレースメント ……………… 183
動画にコメント …………………… 42, 218	ぼかし ……………………………………… 105
動画の管理画面 …………………………… 92	
動画の再生 URL …………………………… 91	

ま行

動画の時間 ………………………………… 147	マルチコメントビューア ………………… 110
動画のファイル形式 ……………………… 91	ミッドロール広告 ………………… 172, 183
動画編集ソフト …………………………… 66	メタデータ ………………………… 99, 233
動画を削除 ………………………… 106, 231	メンバーシップ ………………… 54, 166, 188
動画を投稿 ………………………… 90, 228	
動画を評価 ………………………… 41, 217	

や・ら・わ行

投稿に必要なもの ………………………… 88	ユーザー層 ………………………… 199, 245
投稿頻度 …………………………………… 146	ライブ配信をスケジュール設定 ………… 114
特殊効果 …………………………………… 78	ログアウト ………………………………… 25
ドラフト …………………………………… 103	ログイン …………………………………… 25
トランジション …………………………… 79	ロゴ ………………………………………… 76
トリミング ………………………… 67, 81, 105	ワイプ ……………………………………… 75

な行

ナレーション ……………………………… 82	
年齢制限 …………………………………… 96	

は行

配信ソフト ………………………………… 110	
ハッシュタグ ……………………………… 94	

監修プロフィール

酒井 祥正

株式会社ゴールデンモンキー 代表取締役

2001年、映像プロダクションに入社。映画、ドラマ、CM、アニメなどさまざまな映像作品の制作に携わる。
2007年からは地元福井県のケーブルテレビ局でアナウンサー、ディレクター、カメラマン、記者などを経験。
2015年、ゴールデンモンキーを設立。これまで中小企業300社以上のYouTubeチャンネルをサポート。
また動画マーケティング専門YouTubeチャンネル「動画集客チャンネル」を運営。
YouTube運営や収益化、撮影編集に関するノウハウ動画を600本以上配信。
2019年5月からはYouTube公式ビデオコントリビューターに就任。

■お問い合わせについて

本書に関するご質問については、本書に記載されている内容に関するもののみとさせていただきます。本書の内容と関係のないご質問につきましては、一切お答えできませんので、あらかじめご了承ください。また、電話でのご質問は受け付けておりませんので、必ずFAXか書面にて下記までお送りください。
なお、ご質問の際には、必ず以下の項目を明記していただきますようお願いいたします。

1. お名前
2. 返信先の住所またはFAX番号
3. 書名（今すぐ使えるかんたん YouTube 編集＆投稿＆集客 完全ガイドブック）
4. 本書の該当ページ
5. ご使用のOSのバージョン
6. ご質問内容

なお、お送りいただいたご質問には、できる限り迅速にお答えできるよう努力いたしておりますが、場合によってはお答えするまでに時間がかかることがあります。また、回答の期日をご指定なさっても、ご希望にお応えできるとは限りません。あらかじめご了承くださいますよう、お願いいたします。

■問い合わせ先

〒162-0846
東京都新宿区市谷左内町21-13
株式会社技術評論社　書籍編集部
「今すぐ使えるかんたん YouTube 編集＆投稿＆集客 完全ガイドブック」質問係
FAX番号　03-3513-6167
URL：https://book.gihyo.jp/116

■お問い合わせの例

FAX

1. お名前
    技術　太郎
2. 返信先の住所またはFAX番号
    03-XXXX-XXXX
3. 書名
    今すぐ使えるかんたん YouTube 編集＆投稿＆集客 完全ガイドブック
4. 本書の該当ページ
    67ページ、Q.076
5. ご使用のOSのバージョン
    Windows 11
6. ご質問内容
    手順4の画面が表示されない

質問の際にお送り頂いた個人情報は、質問の回答に関わる作業にのみ利用します。回答が済み次第、情報は速やかに破棄させて頂きます。

今すぐ使えるかんたん
YouTube 編集＆投稿＆集客 完全ガイドブック

2024年12月11日　初版　第1刷発行

著　者●リンクアップ
監　修●酒井 祥正
発行者●片岡 巌
発行所●株式会社 技術評論社
　　　　東京都新宿区市谷左内町21-13
　　　　電話　03-3513-6150　販売促進部
　　　　　　　03-3513-6160　書籍編集部
カバーデザイン●田邉 恵里香
本文デザイン／DTP●リンクアップ
編集●リンクアップ
担当●藤本 広大
製本／印刷●株式会社シナノ

定価はカバーに表示してあります。

落丁・乱丁がございましたら、弊社販売促進部までお送りください。
交換いたします。
本書の一部または全部を著作権法の定める範囲を超え、無断で複写、複製、転載、テープ化、ファイルに落とすことを禁じます。

©2024 リンクアップ

ISBN978-4-297-14542-2 C3055

Printed in Japan